THE UPWARD
SPIRAL
WORKBOOK

U0347255

练出好心情

THE UPWARD SPIRAL WORKBOOK

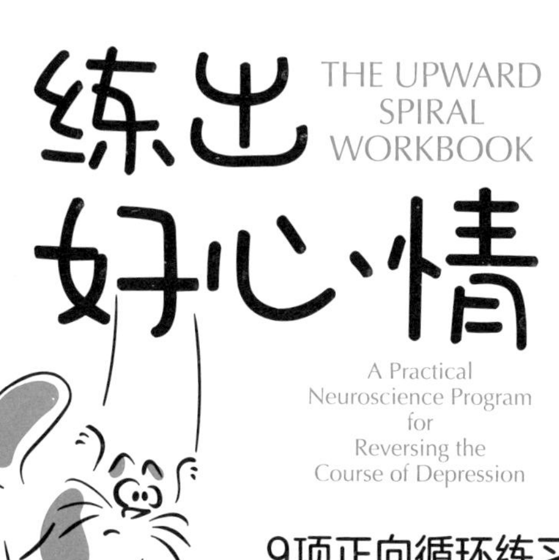

A Practical Neuroscience Program for Reversing the Course of Depression

9项正向循环练习 塑造快乐大脑

[美] 亚历克斯·科布 Alex Korb 著

杨宁 译

机械工业出版社
CHINA MACHINE PRESS

图书在版编目（CIP）数据

练出好心情：9 项正向循环练习塑造快乐大脑 /（美）亚历克斯・科布（Alex Korb）著；杨宁译 .—北京：机械工业出版社，2024.8

书名原文：The Upward Spiral Workbook：A Practical Neuroscience Program for Reversing the Course of Depression

ISBN 978-7-111-75871-6

Ⅰ. ①练…　Ⅱ. ①亚… ②杨…　Ⅲ. ①情绪 – 自我控制 – 通俗读物　Ⅳ. ① B842.6-49

中国国家版本馆 CIP 数据核字（2024）第 104317 号

机械工业出版社（北京市百万庄大街 22 号　邮政编码 100037）

策划编辑：邹慧颖　　　　责任编辑：邹慧颖

责任校对：郑　婕　张　薇　　责任印制：常天培

北京铭成印刷有限公司印刷

2025 年 2 月第 1 版第 1 次印刷

147mm × 210mm・8.875 印张・1 插页・162 千字

标准书号：ISBN 978-7-111-75871-6

定价：69.00 元

电话服务　　　　　　　　网络服务

客服电话：010-88361066　机　工　官　网：www.cmpbook.com

　　　　　010-88379833　机　工　官　博：weibo.com/cmp1952

　　　　　010-68326294　金　　书　　网：www.golden-book.com

封底无防伪标均为盗版　机工教育服务网：www.cmpedu.com

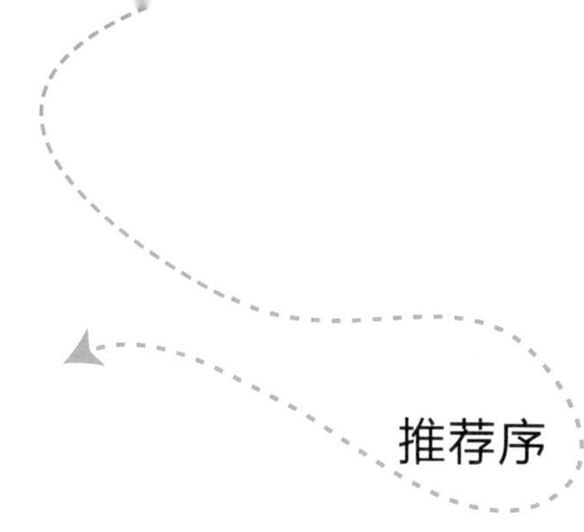

推荐序

抑郁症让人处在一种令人不快的状态中，对个人及其所在群体都产生了深远的影响。作为精神科医生，我了解在心理治疗中采用最新医疗干预措施的重要性，但我也对它们的局限性感到失望。我研究神经科学和抑郁症已有 40 多年了，深知仅凭药物是无法充分应对人类抑郁症的复杂性的。

科布博士在他首部出色的著作《重塑大脑回路》（*The Upward Spiral*）中阐明了导致抑郁症的大脑过程，并提供了一些使病情好转的有益建议。本书是《重塑大脑回路》的扩展和补充，它较少关注大脑中正在发生什么，而更多地关注你可以做什么。它更加具体，提供了可行的建议和练习，你可以在日常生活中加以运用。

我们正在加利福尼亚大学洛杉矶分校的塞梅尔神经科学与

人类行为研究所（以下简称加州大学洛杉矶分校塞梅尔研究所）开发针对抑郁症、焦虑症和其他相关疾病的前沿疗法。然而，在我作为研究者和临床医生的几十年中，我了解到，一些最有效的抑郁症治疗方法存在于人们自己的想法和行动中。在我督导的所有世界级神经科学研究中，很明显的是，人脑的化学反应和活动与人的行为密不可分。这就是为什么我非常高兴看到这本极好的工作手册面世。

在这本实用且功能强大的指南中，科布博士通过知识讲解和练习，引导读者更好地理解大脑，学习如何利用这种理解来逆转抑郁症进程。本书旨在对行为和思维方式进行细微改变，从而对你的大脑活动和化学反应产生积极影响。书中有丰富的练习、干预措施和技巧，这些都得到了科学研究的支持。其中一些干预措施是最近才有的，而另一些干预措施已经存在了数十年甚至几个世纪，只是神经科学刚刚开始关注它们的效果。

作为一名科学家和临床医生，我了解使用循证治疗的重要性，以及将干预措施从实验室迁移到现实世界的难度。科布博士出色地完成了将神经科学理论与实用工具相结合的工作，为患者的康复提供了途径。

我非常欢迎你来阅读本书，它为抗击抑郁症提供了一条新颖的途径。

——彼得·C. 惠布罗，医学博士
加州大学洛杉矶分校塞梅尔研究所主任
著有《情绪分离》(*A Mood Apart*) 和
《理性与本能》(*The Well-Tuned Brain*)

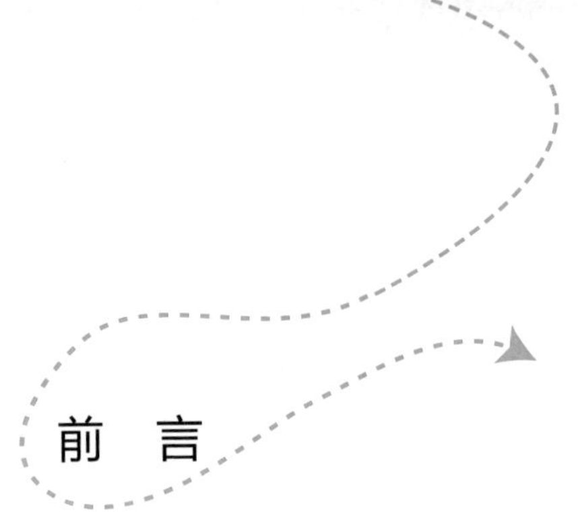

前 言

你可能因为各种机缘巧合看到了这本书。也许是朋友推荐的，或者你只是在书店偶然发现的，又或者是因为你读了我的上一本书《重塑大脑回路》，觉得蛮喜欢的，并且想要更具体的操作性指导。

也许你感觉不太舒服，而且你不能确切地指出是哪里出了问题。也许这种感觉是突然毫无缘由地出现的，或者是由某种灾难造成的。也许一切都太痛苦了，似乎没有什么值得你为之付出努力。也许你感到空虚，而你本应体验到的是复杂的情绪——无助、内疚、迷茫和孤独。也许你被一种永远存在的恐惧感所淹没，或者当你在夜晚闭上眼睛时，只能处在似睡非睡的状态中。

无论你是因为什么而选择了这本书，都表明你对未知事物充满了好奇，而这是促进理解和改善的动力，也是帮助你克服抑郁症、焦虑症或任何使你情绪低落之事的首要元素。

大脑具有可塑性，可以重塑，因此，影响抑郁症和焦虑症的神经环路也可以被重塑。了解与这些病症相关的基本事实也能减少耻辱感并缓解悲观情绪（Lebowitz & Ahn，2012，2015）。即使只是了解这些，你也比刚开始时好很多了，不过还有更多方式可以帮到你。

研究表明，抑郁症是大脑中的思维、感觉和动作的环路之间的沟通问题。它是压力、习惯、决策等神经环路之间相互作用的产物。

抑郁症和焦虑症是恶性循环：大脑最终会被困在消极的模式、不健康的活动和反应中。对于这些恶性循环，没有什么绝对的解决办法，但是，使用本书中的练习，你可以开始扭转局面。

最近的研究揭示了正向循环的力量：生活中积极的小变化会导致大脑的电活动、化学成分乃至生长新神经元的能力发生积极的变化。这些积极的大脑变化使得积极的生活变化更容易发生。正向循环可以逆转抑郁和焦虑的恶性循环：有助于改善心情，积蓄能量，改善睡眠质量，增加平静感和联结感，并减轻压力、焦虑甚至躯体疼痛。

无论你正在遭受抑郁、焦虑、成瘾、失眠，还是慢性疼痛的折磨，都有希望改变。因为这些疾病都基于相同的大脑环路和化学物质，所以相同的神经科学原理也同样适用。如果你想了解如何改变控制情绪、压力、习惯、精力和睡眠的神经环路，这本书或许能帮到你。

我告诉你一个秘密。这听起来可能很浅显，也可能很深奥，但不管怎么说，积极的小变化能够改变你的大脑和生活。简而言之，只要对你的想法、行动、社交和环境进行细微的改变，就可以改变影响抑郁和焦虑状态的关键大脑环路的活动和化学反应。

这本工作手册将帮助你更好地了解大脑，从而改善情绪，减轻焦虑，并过上自己想要的生活。你将学习有关大脑的基本知识，以及如何通过简单的生活变化来改变影响抑郁和焦虑的神经环路，这些生活变化涵盖了诸多生活领域，包括体育运动、睡眠、正念、感激等。我将指导你完成许多经过科学证明的练习，这些练习有助于你改善情绪，积蓄能量，改善睡眠质量，减轻压力等。研究表明，你有能力重塑大脑并扭转抑郁症的进程。

本书的结构

我承认我不了解你的生活和你所面临的独特挑战，但是我很清楚：你拥有人类的大脑（如果你是一只非常聪明的长颈鹿或其他生物，我深表歉意）。这意味着我们知道为什么你的大脑有时会陷入抑郁或焦虑，更重要的是，我们知道你能对此做些什么。

本书首先简要介绍了导致抑郁和焦虑的大脑环路。第 1 章介绍了许多有关大脑的术语，但即使你不记得细节，也无须担心。它们会一遍又一遍地被重复，直到印在你的脑子里。而且，如果你不关心理论知识的具体细节，也没关系。本书中的练习仍然有效。

本书的其余各章将指导你完成一系列经实证研究有效的干预措施，这些干预措施可以改变关键的大脑环路的活动和化学反应，为你提供应对挑战的工具包。尽管每章都有特定的标题，但这只是人为的区分，而它们本身是不能完全被分开的。

干预措施以及它们针对的脑区都相互关联，并且每种措施产生的效果都会相互渗透。例如，第 10 章是关于感激的，第 5 章是关于睡眠的，第 6 章是关于社交的。然而实际上，感激可以改善睡眠质量，还有助于你感到与他人有更多的联结；正念可以帮助你改变习惯；设定目标可以使运动更容易，从而改善睡眠质量等。

这就是说，本书中的信息不是线性的，因为你的大脑不是线性的。对于抑郁症，没有单一的解决方案，就像美好的生活方式并非只有一种，你的大脑和别人的不同，因此你们的解决方案也会有所不同。

在阅读本书时，请勿尝试将每章中的每一项练习都用起来，那可能会把你压垮。选择能激发你的好奇心、挑战你的思维，或易于掌控的练习。你也不必按顺序阅读这些章节。比方说，如果你读到第 3 章了，但认为目前第 7 章的内容比较适合你，或者你觉得更容易上手，就可以先去尝试第 7 章中的干预方法。但是请务必在每一章中选择至少一个方法加以尝试运用，之后再开启新一章的学习。随着练习的逐步加深，你可以再返回之前的章节来练习被遗漏的内容。阅读完第 1 章后，你可以从任何地方开始。我已经列出了我认为最清晰的路径，但是理解你自己大脑的需求也是本书的一部分。

实际上，理解是掌握方法的基本成分之一，另一个则是做。理解体育锻炼对你有好处和现实中在暮色中快走，以及在深沉而宁静的氛围中呼吸，它们之间存在着关键区别。

这不是一本普通的书，而是一本工作手册。我会要求你去做一些事并写下来，这不只是为了好玩。将本书中的建议用于实践，会以可量化的方式改变大脑。包括写作在内的行动，会以一种你意想不到的方式改变大脑，而想法和行动对于充分利用正向循环的神经科学都是至关重要的。

好消息是你已经有了帮助自己的工具，即缓解压力、改善情绪和管理人际关系的方法。你可能没有充分有效地使用这些工具，或者你所使用的工具可能不完整，就像一套扳手中少了一些关键尺寸的扳手，你已拥有的这些工具至关重要，但又并非在每种情况下都适用。本书将为你提供其他工具，这些工具基于科学证据，并由世界一流的心理学家、临床医生、研究人员和神经科学家开发。

本书会提供自我反思和个人成长的机会，这也是一个你对自己进行科学实验的机会。我将向你提供已被证实有助于你缓解抑郁和焦虑的各种干预措施，你会发现哪些对你最有帮助。

本书中的练习有关简单的生活变化，从活动身体到写感恩日记，尽管有些练习看上去比其他的更愚蠢，但是所有这些练习都得到了严格的科学研究的支持。它们全都指向本书的目标，那就是使你回到正轨，过自己想要的生活，成为自己想要成为的人。你不一定总是能选择面对怎样的生活挑战，但是你必定要选择面对挑战的方式。

旅程开始

我们正处于旅程的开端。是的，我在安全的办公室里，坐在笔记本电脑前一个人不停地打字，而你要去做所有的辛苦练习，但我会作为一名向导陪着你。说到向导，别认为你需要靠自己做所有事，治疗师、医生或教练也可以帮助你实施本书中的建议，或者为你提供你无法独自完成的替代疗法。正确方法并不唯一，可以形成正向循环的途径有很多。

这个过程可能并不简单易懂。挫折是肯定会有的，那也没关系，因为你要前往重要的地方。

即使是达到你现在的状态，你也已经采取了一些重要步骤。尽管未来是未知和不确定的，但你有意愿变得更好，并且通过读这本书来向自己证明你是认真的（第 7 章）。你拥有的神经环路和化学物质可以让你重回正轨（第 1 章）。因此，请深呼吸（第 4 章），然后开始改变之旅吧。

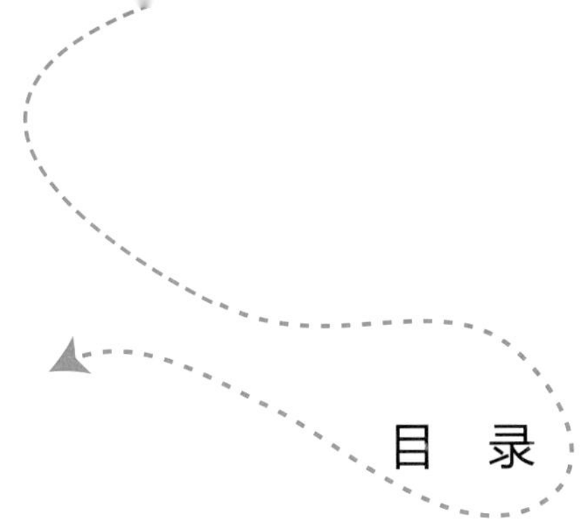

目录

推荐序

前言

第1章
抑郁和大脑

抑郁症是什么 /2

大脑地图 /6

和抑郁有关的化学物质 /15

运用你对神经科学的理解 /17

你不能控制的和你能控制的 /21

前进，上升 /28

第2章
建立兴趣活动的正向循环练习

做什么 /31

为活动做计划 /34

识别无益的想法 / 36
开展活动的阻碍 / 41
总结 / 45

第 3 章
建立运动锻炼的正向循环练习

运动锻炼的益处 / 47
放胆做 / 50
动起来 / 52
细节 / 55
原地出发 / 58
稳扎稳打赢得比赛 / 59
有助于锻炼的小贴士 / 60
总结 / 65

第 4 章
建立呼吸和身体的正向循环练习

心跳的节奏 / 68
呼吸的力量 / 68
通过改变姿势来塑造你的心情 / 74
相由心生 / 76

放松肌肉才能放松身心 / 78
瑜伽和现代神经科学 / 81
为生活加点儿音乐 / 84
提高体温 / 86
总结 / 87

第 5 章

建立睡眠的正向循环练习

睡眠与大脑 / 89
是什么妨碍了良好的睡眠 / 92
养成良好的睡眠卫生习惯 / 94
日志以及文字的力量 / 99
用认知行为疗法治疗失眠 / 104
识别关于睡眠的无益想法 / 108
总结 / 112

第 6 章

建立社交的正向循环练习

社会脑 / 114
孤独感与社会隔绝 / 116
加强社会支持 / 121

识别消极的社交影响 / 127
解决冲突 / 129
关系中的无益想法 / 132
身体接触的正向影响 / 134
慷慨和给予的正向影响 / 136
团体的正向影响 / 138
饲养犬类的正向影响 / 140
总结 / 142

第 7 章

建立目标与决策的正向循环练习

做决策 / 144
决策策略 / 153
设定目标 / 159
做最好的自己 / 165
总结 / 167

第 8 章

建立正念与接纳的正向循环练习

接纳 / 169
正念是什么 / 171

正念带给大脑和身体的好处 / 172
正念不是什么 / 175
正念的关键 / 177
将正念应用于实践 / 178
接纳带来的挑战 / 186
总结 / 188

第 9 章 建立习惯的正向循环练习

识别无益习惯 / 191
建立新习惯 / 195
如何从坏习惯中受益 / 202
面对你的恐惧 / 204
你脑中的微弱声音 / 205
饮食习惯 / 206
总结 / 211

第 10 章 建立感激和关怀的正向循环练习

感激的挑战和益处 / 213
感激过去 / 214

感激未来 / 216

感激他人 / 218

日常感激练习 / 221

感激活动 / 224

感激你自己 / 225

自我关怀和原谅 / 227

彩虹般的积极情绪 / 231

总结 / 237

第11章 建立持续的正向循环

旅程仍在继续 / 240

致谢

参考文献

第 1 章

抑郁和大脑

网坛传奇人物阿瑟·阿什（Arthur Ashe）曾说过："始于足下，用你所有，做你所能，方能成就伟大。"对抗抑郁症亦是如此——始于足下，用你所有，做你所能。若要始于足下，你首先必须清晰准确地知道从何开始。这既包括觉察在脑海中盘旋的想法和自己的情绪，也包括理解其背后的神经科学原理。这正是本章涉及的内容。

请把这一章当作你去一个陌生国度前需要阅读的旅行指

南。这些准备工作将帮助你理解大脑中正在发生的事情，以及后续章节中的干预方法是如何起作用的。

◎ 抑郁症是什么

简而言之，抑郁症是大脑中的思维、感觉和活动的环路如何相互交流和调控的问题。大脑陷入了特定的活动和反应模式中——一种让你感到抑郁的思维和行为模式。人一旦被困在这种模式中，就很难逃出来。

不巧的是，有些人的大脑更容易陷入抑郁和焦虑的恶性循环，而且这些人可能不是你猜测的那些。我们通常认为，患抑郁症风险最大的人是那些生活艰辛的人。是的，负面的生活事件（例如失业或失去配偶）会诱发抑郁症，但生活中的任何重大变化都可能成为抑郁症的诱发因素（例如上大学、退休或搬到一座新的城市）。重要的是，与外部环境相比，抑郁症通常更多地与大脑固有的工作模式有关。

你是完美主义者吗？你对压力的反应是怎样的？你是否意识到了自己的感受，还是将其深深地压下去了？你觉得很难从别人那里得到帮助吗？你会被情绪，甚至是积极情绪淹没吗？你盲目乐观吗？又或许你很悲观，甚至影响了你的动力？这些特征是由大脑环路的细微差异引起的，并且可能增加你的大脑

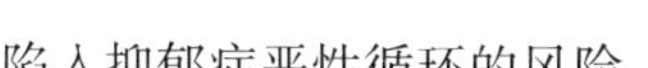

陷入抑郁症恶性循环的风险。

抑郁症具有生物学基础，并非靠“振作起来”的鼓励就能摆脱。如果你真的想振作就能振作起来，那么从定义上来讲，就不是抑郁症。那就先试试“振作起来”吧！

要是这样试过发现真管用！好极了！你就用不着读这本书了。否则，请继续往下阅读。

如果无法轻易摆脱抑郁症，那么你要拿它如何是好？抑郁症具有生物学基础，但并不意味着我们无计可施。它更像是泡在盐水里的太妃糖，坚硬却依然可塑。

你在神经生物学水平上是可以被重塑的。认识到抑郁症与神经生物学有关，有助于为抑郁症“去污名化”，减少指摘。同时，认识到你在神经生物学水平上具有可塑性具有长期益处，这为你提供了自我帮助的可能性（Lebowitz & Ahn，2015）。

抑郁症对每个人而言都不尽相同，因而治疗抑郁症的方法也会不同。这本书将帮助你更好地了解自己、你的神经生物学水平，以及什么是对你起作用的。

你抑郁了吗

填写抑郁自评量表（PHQ-9）能帮助你确定自己是否患有临床意义上的抑郁症。值得注意的是，你需要请心理健康专业人士来评定诊断（这点对于治疗抑郁症也是非常重要和有益的）。不管诊断结果如何，这本书都能帮助你缓解症状。

重要的是，如果你认为“人间不值得”，请立即找心理学专家、朋友或家人交谈，或致电当地的心理危机干预热线。

在过去的两周里，你生活中以下症状出现的频率	没有	有几天	一半以上时间	几乎每天
1. 做事时提不起劲或没有兴趣	0	1	2	3
2. 感到情绪低落、沮丧或绝望	0	1	2	3
3. 入睡困难、睡不安稳或睡得过多	0	1	2	3
4. 感觉疲倦或没有活力	0	1	2	3
5. 食欲不振或吃得太多	0	1	2	3
6. 觉得自己很糟糕或觉得自己很失败，让自己、家人失望	0	1	2	3
7. 难以集中精力做事，例如看报纸或看电视	0	1	2	3
8. 行动或说话速度缓慢到别人能够察觉，或刚好相反——变得比平时更烦躁或坐立不安，动来动去	0	1	2	3
9. 有“不如死掉”的念头或用某种方式伤害自己	0	1	2	3

小计：______+______+______+______

总分 =______

评分标准：总分5～9代表轻度抑郁，10～14代表中度抑郁，15～19代表较严重抑郁，20及以上代表严重抑郁。

不管严重程度如何，花点儿时间思考一下你的问题是如何使你难以完成工作、在家中照顾他人或与他人相处的。这将帮助你更清楚地了解抑郁症在多大程度上影响了你的重要社会功能。

抑郁症和焦虑症之间有很多共通之处，大部分抑郁症患者同时也有焦虑问题，反之亦然（Lamers et al.，2011）。随着你开始了解它们的神经生物学基础，其成因将变得越来越清晰。同时，抑郁症还与其他相关病症有重叠，如慢性疼痛、失眠、成瘾等。

你有焦虑吗

下面是广泛性焦虑障碍量表（GAD-7）。它最初被用来诊断广泛性焦虑障碍，也可以用来确定你是否具有其他类型的焦虑障碍。当然，你还是需要请心理健康专业人士来做诊断，而且不论诊断结果如何，本书都能帮助你缓解焦虑症状。

在过去的两周里，你生活中以下症状出现的频率	没有	有几天	一半以上时间	几乎每天
1. 感觉紧张、焦虑或不安	0	1	2	3
2. 不能够停止或控制担忧	0	1	2	3

（续）

在过去的两周里，你生活中以下症状出现的频率	没有	有几天	一半以上时间	几乎每天
3. 对各种各样的事情担忧过度	0	1	2	3
4. 很难放松下来	0	1	2	3
5. 由于焦躁不安而坐立难安	0	1	2	3
6. 变得容易烦恼或急躁	0	1	2	3
7. 因感到似乎将有可怕的事情发生而害怕	0	1	2	3

小计：______+______+______+______

总分＝______

评分标准：总分5～9代表轻度焦虑，10～14代表中度焦虑，15及以上代表严重焦虑。

即使你正在阅读的是一本自助书，也切记，不必事事靠自己。如果你受到抑郁症或焦虑症的困扰，心理健康专业人士可以提供比本书更合适的帮助和指导。

◎ 大脑地图

抑郁和焦虑主要是大脑中情绪、思维和行动环路之间交流的结果，即这三者是如何相互作用、调节或无法调节彼此的。

这些环路包括边缘系统、前额叶皮层和纹状体等脑区。

认识这些脑区的简单切入点是了解它们的进化史。我们将由内而外了解，因为脑中越靠内的部分越古老。

首先，让我们回溯恐龙时代。恐龙的脑干位于头骨的底部，具有维持生命的基本功能，例如呼吸和血压调节。在脑干正上方的是用于控制动作和运动的环路，称为纹状体。构成边缘系统的一些基本情绪环路也开始在恐龙的脑结构中出现，但只是初现而已。因此，霸王龙的脑袋虽然很大，但是并没有太强的信息处理能力。

大约1亿年前，哺乳动物开始出现，它们具有更发达的脑结构。情绪边缘系统继续发展，使它们产生了更多的情感和行动。但重要的是，另一层具有惊人处理能力的大脑组织，即皮层，开始在爬行动物的脑周围形成。

“皮层”一词的字面意思是“表面”，随着哺乳动物的不断进化，皮层也在不断扩张。老鼠和松鼠的皮层很少，狗和猫多了一点儿，猴子更多。在数百万年的进化历程中，随着脑越来越大，皮层必须从根本上被挤压，才能在头骨内被装下，就像弄皱报纸一样，这就是为什么人脑的表面看起来如此皱巴巴的。

靠近头部前额的皮层部分（恰当地被命名为“额叶皮层”）很擅于处理复杂情况，特别是最前端的部分，它被称为前额叶皮层，相当于一台功能非常强大的计算机，可以处理计划、抽象思维、决策和社交。大脑中的前额叶皮层使我们成为最独特的人类，而且毫无疑问，我们的前额叶皮层比其他任何动物的都大。

你无须记住所有的大脑区域。大致了解有一个大脑区域负责你的情绪，另一个大脑区域负责计划和思考，就可以了。如果这些科学名词令你不知所措、分心甚至感到无聊，那么每当你看到诸如“边缘系统”或“前额叶皮层”之类的词时，只需将其替换为“脑区”即可。

负责习惯和冲动的纹状体

两千多年前，古希腊哲学家赫拉克利特（Heraclitus）写道：“与冲动的欲望做斗争很难；无论它想要什么，都会以灵魂做交易去换取。”尽管古希腊人对神经科学缺乏深刻的理解，但他们肯定也有发言权。

在大脑深处有一组专门用于行动和动作的环路，即纹状体。它分为上部和下部，执行的功能略有不同（见图 1-1）。背侧纹状体（纹状体的上部）与习惯行为有关。习惯行为通常无须思考，是以刺激 – 反应方式自动进行的。每当你重复一个行为，该行为都会使背侧纹状体有更强的连接，使得你更有可能再重复该行为。正是背侧纹状体的活动令你产生上车系安全带、睡前刷牙等行为。不幸的是，它也是你遭受压力，或

是朋友没有立刻回你消息使你感到被拒绝时，驱使你借酒消愁的原因。背侧纹状体不仅控制躯体习惯，也控制社交和情绪习惯。

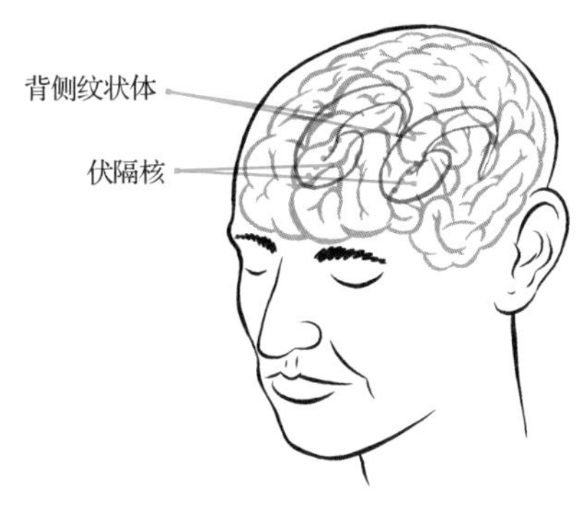

图 1-1　纹状体

相反，伏隔核（纹状体的下部）参与冲动行为。伏隔核想做的事情是新颖的、令人兴奋且让人获得及时愉悦的。它是你想吃巧克力的原因。有时冲动行为有趣且令人享受，但有时却会妨碍你实现长期目标。

请记住，纹状体的上下两部分都遵循着与大脑中进化程度更高部分不同的逻辑。习惯和冲动没有好坏之分，只是以自己的方式呈现。它们可能使某些事情变得更容易或更困难，但初衷并不是要伤害你。实际上，它们正在努力帮助你。没有习惯或冲动的生活是不存在的。虽然你所采用的特定习惯和冲动可能并不总是最具适应性的，但你可以随着时间的流逝去改变它们。

我们试着以狗为例，帮助你了解纹状体。为了要吃的，狗会尽其所能，并且需要被训练。也许你的狗已经上了年纪，养成了一些坏习惯，你很难再教给它一些新花样。在你的生命过程中，你一直在训练背侧纹状体以特定的方式行动，因此它很难改变。然而，通过神经可塑性——大脑被重塑的能力，改变依然是有可能发生的。你只需要一个理由，然后开始行动，这需要花上一段时间。

负责情绪的边缘系统

边缘系统同样位于大脑深处，但是从进化角度看，它没有纹状体那么古老，是负责欢乐、恐惧、记忆和动机的必要结构之一（见图 1-2）。边缘系统有些孩子气：如果在需要时，它没有得到想要的东西，那么就有可能发脾气。

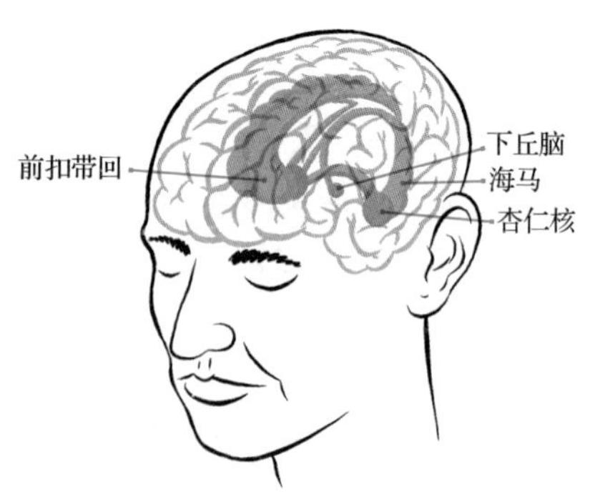

图 1-2　边缘系统

边缘系统的核心是被称为下丘脑的结构，它对维持内稳态至关重要。如果你不记得自己初三生物课上学的知识，那就这么理解，内稳态就是身体维持体内恒定环境的需要。从干燥的冻土地带到汗湿的夜店，你的外部环境可能会发生巨大变化，但你需要内稳态来使体内保持相对平衡。因此，当你需要空气、水、食物或其他任何东西来维持生命时，下丘脑就会开始起作用，并触发应激反应。

虽然“应激”听起来像一个贬义词，但事实并非如此。应激只是你对环境变化产生的反应，本身并不坏。只有当它超过了你的承受能力时，应激才会有坏的影响。一个常见的解决方案是减轻压力，但是提高应对能力也很有帮助。

与下丘脑紧密相连的是杏仁状结构，叫作杏仁核。杏仁核通常被称为大脑的恐惧中心，但其实它在所有强烈的情绪中都扮演着重要角色。它是大脑中主要的危险探测器之一，试图找出可能对你有害的东西和可能触发你应激反应的东西。它非理性思考，而是依靠过去的经验和概率来帮助你对自己的处境产生直觉反应。

海马也与下丘脑紧密相连，并紧邻杏仁核，是记忆的主要处理器。它不是存储记忆的地方，但是对于形成长时记忆很重要。并且海马在理解和识别你所处的环境方面也非常重要。如果你在穿过一大片草地时受到狮子的攻击，海马会将其作为长时记忆记录下来，下次你通过同一区域时，海马就会活跃起来，说：“嘿，这似乎很熟悉。”然后将边缘系统的其余部分推向高度戒备状态。

海马试图对以前的情况进行归纳，以便你可以从中吸取教训。因此，下次当你走过任何广阔的场地时，海马可能会认为这一场景看起来很熟悉，并且用它所学的经验进行归纳。不过，有时它归纳得过于笼统。

举个例子，假设你小时候在街上差点儿被汽车撞到，庆幸自己躲过一劫。你希望海马将其泛化到所有街道，但是过度泛化可能并无益处。假设你曾被困在朋友公寓楼的电梯中，下次用那部电梯时你会多加小心，甚至改走楼梯。但是，担心所有电梯或狭小空间都存在危险就无益了。海马功能过度泛化会使你随时随处都可能想起创伤事件。

边缘系统的最后一部分主要结构是前扣带回，它在注意方面起着非常重要的作用。前扣带回会注意到痛苦和错误，以及与你想要完成的事情有关的任何事情。有时候，它似乎会因为对痛苦和错误发出警报而使你分心，但它这么做只是想帮助你。

强烈的情绪涉及边缘系统，但也依赖大脑的其他部分。像胃下垂、心跳加速这种来自身体的物理感觉，是由与边缘系统紧密相连，而严格意义上又不属于边缘系统的区域处理的。这个区域被称为脑岛，是皮层的深层部分，负责处理来自心脏、胃和其他内部器官的信息（见图 1-3）。脑岛为你的情绪提供了

身体体验。

大脑中的情绪环路对于充分体验人类情感至关重要。然而，当它变得疲劳，并开始对所有事物毫无情绪时，或者当它陷入恶性循环时，进行一些管理将很有帮助。这时，大脑中更进化的部分就要派上用场了。

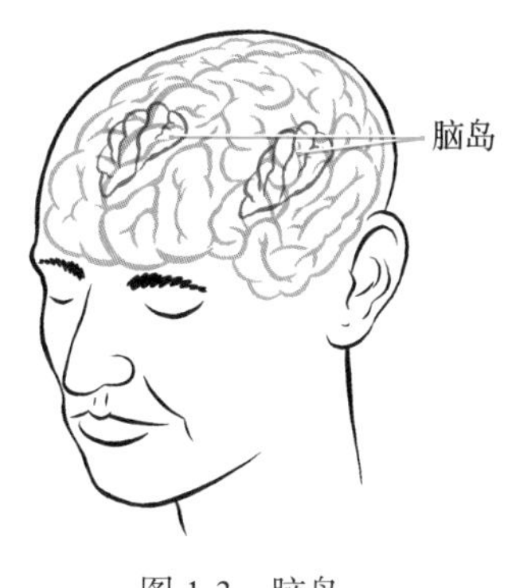

图 1-3　脑岛

深思熟虑的前额叶皮层

前额叶皮层是大脑中进化最先进的部分。在本质上，前额叶皮层占据了大脑皮层的前三分之一（见图 1-4）。它使我们能够计划和制定决策，让我们具有灵活性，即控制冲动或管理情绪。它也使目的和意图得以产生。

由于前额叶皮层占据大脑中很大的一部分，因此它的不同区域会做不同的事情。它的上半部分更专注于思维，而下半部分更专注于情感。我们已知的边缘系统是感知情绪的最主要功能区，而前额叶皮层的下半部分（也就是腹侧）对于思考情绪至关重要。腹侧与边缘系统联系紧密，而前额叶皮层的上半部分（即背侧）则与背侧纹状体及伏隔核联系紧密。因此，无论你是想平复情绪、更加兴奋、控制冲动或习惯，还是建立新的习惯，都需要前额叶皮层参与其中。

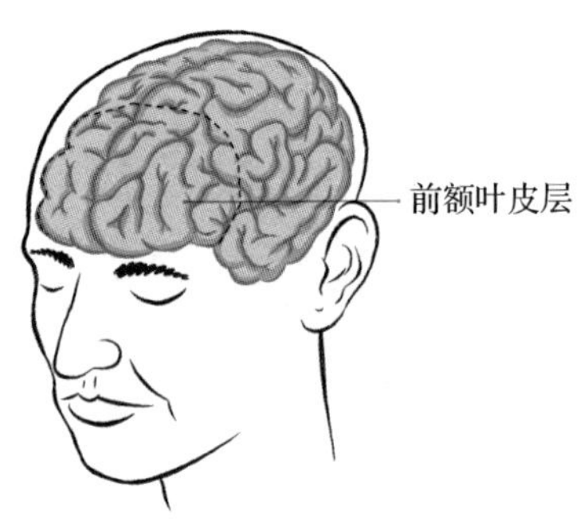

图 1-4　前额叶皮层

如果纹状体是一只在屋里到处乱跑的小狗，边缘系统是个小孩，那么前额叶皮层就是这个房间中的成年人。这并不意味着它唯一的工作就是纵情享乐（尽管不幸的是，有些人就是这么发挥前额叶皮层的作用的）。我们可以通过它来约束享乐，以确保安全，帮助建立有益的常规和边界，并使事情回到正轨。

不要误以为前额叶皮层比其他脑区更重要。大脑的所有组成部分必须保持动态平衡，才能使你拥有幸福而有意义的生活。过多的情绪调节会使你感到支离破碎，太少了则

会使你任情绪摆布。你的情绪就像股市一样，前额叶皮层提供负责任的调节，过多不受监管的热情会导致泡沫和恶性通货膨胀，但另一方面，过多的恐惧则会导致经济衰退。

涂色

在我读研究生时，我们有一本必选教科书是涂色书。当时授课的特聘教授认为，花时间在涂色书上对大脑区域着色，将有助于我们对其形成记忆。因此，如果你手边有彩色铅笔、蜡笔或其他彩笔，请在图 1-1、1-2、1-3 和 1-4 中进行涂色。

◎ 和抑郁有关的化学物质

你的大脑由数十亿个被称为神经元的微小脑细胞组成。神经元是大脑中加工过程的基本单位。单个脑细胞通过电传导发出信息，并沿着与其他神经元相连的神经纤维传导。当电信号到达神经元末端时，神经元会释放出一种被称为神经递质的化学信号，将信息传递给处理链中的下一个神经元。

单个神经元可能会与另外成千上万个神经元（某些位于同一脑区，而另一些相距较远）连接，从而形成庞大的神经通信网络或系统。例如，前额叶皮层中的神经元彼此交流，其中一些与边缘系统有信息交流，另一些与纹状体有信息交流，而那些区域中的神经元相互交流，这其中也有可能包括传递回前额叶皮层的信息交流。

在不同的神经递质系统中运行的数十种不同的神经递质相互影响。除此之外，大脑中还有许多其他化学物质影响着神经元交流，甚至影响神经元生长。下表（见表 1-1）列出了抑郁症及对抗抑郁症涉及的主要神经递质和化学物质，并简要解释了它们所发挥的功能。后续章节中会提出一些干预建议，通过利用这些建议，你实际上可以调节自己大脑的化学反应，改善这些化学系统的功能，从而改善情绪，并增强抗压能力等。

表 1-1

化学物质	功能	干预
血清素	与意志力、冲动控制、情绪调节有关的神经递质	锻炼（第 3 章），心怀感激（第 10 章），日光浴（第 5 章）
多巴胺	与习惯、冲动、成瘾、愉快有关的神经递质	兴趣活动（第 2 章），锻炼，心怀感激，社交（第 6 章）
去甲肾上腺素	与压力调控有关的神经递质	锻炼，睡眠（第 5 章），提高控制感（第 7 章）
催产素	与爱、信任、人际关系有关的神经递质和激素	心怀感激，身体接触（第 6 章），社会支持（第 6 章），音乐（第 4 章）
内啡肽	与快乐和减少疼痛有关的一组神经递质	锻炼，拉伸（第 4 章），按摩和身体接触（第 6 章），社交
内源性大麻素	与平静和减少疼痛有关的一组神经递质	锻炼
褪黑素	与睡眠质量有关的激素	锻炼，日光浴
γ－氨基丁酸	与减轻焦虑有关的神经递质	瑜伽（第 4 章）

（续）

化学物质	功能	干预
脑源性神经营养因子	与强化神经元和促进新神经元生长有关的脑化学物质	锻炼
皮质醇	压力激素——通常来说，降低压力意味着减少皮质醇	锻炼，深呼吸（第 4 章），音乐，睡眠，正念（第 8 章）

◎ 运用你对神经科学的理解

尽管我们尚未对大脑的复杂性了解得面面俱到，但已经掌握的内容足以令我们开启一些有益的生活变化。下面的这些练习可以让你把获得的新知识用起来。

标记你的情绪

很多时候，人们（通常是男性，抱歉了兄弟们）跟我说，讨论他们的感受毫无意义，因为这等同于顾影自怜，解决不了任何问题。但是神经科学持不同意见。在加州大学洛杉矶分校进行的一组很酷的研究表明，仅仅是通过标记你所感受到的情绪，你的前额叶皮层就能舒缓杏仁核的情绪反应（Lieberman et al.，2007）。

这里有一份与抑郁症和焦虑症相关的常见情绪（及相关情绪）清单。圈出你此时此刻感受到的所有情绪，把你感受到但不在清单中的情绪写在最后的空白处。在你觉得和你特别相关的情绪旁打钩，这样当它们再次出现时，你就可以更轻易地识别出它们。

□**难过**	□僵住	□寂寥	□空虚
□沮丧	□犹豫	□无依无靠	□精疲力竭
□低落	□心神不宁	□孤立	□困
□消沉	□精神紧张	□孤独	□累
□悲观	□不堪重负	□被拒绝	□疲惫不堪
□伤心欲绝	□惊慌失措	□**内疚**	□**生气**
□忧郁	□害怕	□羞愧	□暴怒
□悲惨	□压力（很大）	□遗憾	□烦躁
□郁闷	□受惊吓	□惋惜	□发疯
□**焦虑**	□不自在	□一无是处	□非常愤怒
□心烦意乱	□担心	□**心力交瘁**	□________
□忧心忡忡	□**形单影只**	□昏昏欲睡	□________
□忧虑	□被抛弃的	□耗竭	□________

情绪和生理机能相互交织，因而抑郁症和身体症状之间有着很强的联系。例如，身体上的疼痛和抑郁紧密相连，特别是背痛和头痛。慢性疼痛会增加患上抑郁症的风险，而抑郁症又会增加慢性疼痛的风险，二者构成了令人遗憾的恶性循环。对于呼吸困难，情况也是如此，因为它们会破坏身体使大脑平静的能力（详见第 4 章）。

边缘系统和消化系统之间也有很强的联系。例如，当我还是个孩子的时候，我从不会说自己很焦虑，但是在考试之前或者排队等着坐我并不想坐的过山车时，我就会胃痛。

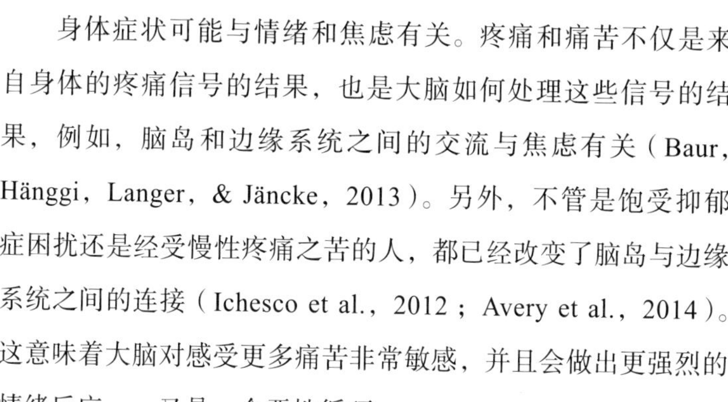

身体症状可能与情绪和焦虑有关。疼痛和痛苦不仅是来自身体的疼痛信号的结果，也是大脑如何处理这些信号的结果，例如，脑岛和边缘系统之间的交流与焦虑有关（Baur，Hänggi，Langer，& Jäncke，2013）。另外，不管是饱受抑郁症困扰还是经受慢性疼痛之苦的人，都已经改变了脑岛与边缘系统之间的连接（Ichesco et al.，2012；Avery et al.，2014）。这意味着大脑对感受更多痛苦非常敏感，并且会做出更强烈的情绪反应——又是一个恶性循环。

识别身体症状

意识到你的身体症状与情绪和焦虑有关非常有益。这并不会使症状消失，却是调控前额叶皮层、边缘系统和脑岛之间连接的第一步。

阅读下列清单，圈出此时此刻你的身体感受，并在你常有的感受旁打钩。你想到的其他感受，请写在空白处。

□背痛	□口干	□心跳过快
□心里七上八下	□麻木或刺痛感	□手抖
□胸痛	□频繁感冒或生病	□胃痛
□磨牙	□起鸡皮疙瘩	□肌肉紧张
□痉挛	□头痛	□出汗
□呼吸困难	□烧心（胃灼热）或消化不良	□________
□睡眠问题	□下颚痛	□________
□头晕目眩	□恶心	□________
□颈痛	□虚弱	□________

神经生物学的相关性

罹患抑郁症时，你很容易感觉整个人四分五裂。对不同脑区加以了解，就会在这种情境中产生巨大的力量。

如果你弄断了手臂，你可能会说你的手臂断了，而不太可能说你断了。显然你的手臂不等同于你。你可以举起它，并摇动手指。它是你的一部分，或者说是你所拥有的，而不是你本身。

但当你感到悲伤、绝望或焦虑时，却很难把这些东西与你本身区分开，而这些东西的确是身外之物。它们是你此刻体验世界的方式。这些想法和感受源自你拥有的特定的脑区。你并非你的杏仁核，也不是你的下丘脑。你拥有特定的脑区，并且它们可能时不时给你出难题，但是它们并不是你本身。

人们经常想要修复情绪，但情绪是不可修复的，因为它们并没有被破坏。它们只是你的各个脑区执行其进化而来的功能所产生的结果。

现在你已经了解了不同的脑区和各种化学物质，花点儿时间依次回顾一下它们，并想想它们与你当前状况的关系。你可以在下面的空格中写下自己的想法。如果你认为它们都与你不相关，也不用担心，这只是个开始。

◎ 你不能控制的和你能控制的

心理学家索尼娅·柳博米尔斯基（Sonja Lyubomirsky，2008）专门研究幸福，她的研究已经发现了人们对自己的幸福有多大的掌控。有些在你的掌控之外，由基因、早期经历及生活中其他无法改变的因素造成，但是仍然有40%是完全由你掌控的。

如果40%听起来有点儿低（毕竟还不到一半），本质上也不是你的错，但这么界定是无益的。事实上，大脑像这样自动关注消极方面，很可能会导致恶性循环。

你仔细想想，40%确实不少了。就学业成绩而言，F（不及格）和A（优秀）之间就差了40%。你自身的任何其他特点都很难被改变那么多，你不能长高40%，或者变聪明40%。所以，如果你觉得自己不幸福，依然还有希望。这本书会给你带来帮助。

尽管有时你可能觉得自己是唯一的倒霉蛋，其他每个人的生活都充满阳光和彩虹，但是抑郁症和焦虑症还是非常普遍的。每年都有数以万计的美国人遭受其中之一甚至二者的折磨，只是你没有意识到，因为大部分人不会谈论抑郁症或者他们是怎样照顾自己的。比起在 Instagram 上晒自己在温泉中心纵情享受的一天，自我照顾并不值得去展示，至少在抑郁症和焦虑症的混乱世界里是这样。没有人会晒自己成功起床去刷牙的照片，你的确不知道别人经历了什么或者他们是如何应对的。

你并不孤单，只是感觉上有些孤单。那是抑郁症的一个症状。

抑郁症之所以如此普遍，是因为人类相同的脑环路使得我们有这种不幸的倾向，有时会陷入抑郁模式。这意味着你的身体状况和大脑的某些方面是你无法改变的。你的各种脑环路的活动及化学成分被许多外力塑造，有些是你能控制的，而有些不是。重要的是，你要知道你不能完全控制自己的生理机能。

对一本自助书而言，这听上去似乎是一个奇怪的目标，但事实上，接受自己的局限性，能使你将精力更加集中在生活和大脑中那些你能改变的方面。这一章是一个重要的起点，因为除非你接受自己的处境，否则很难向前迈进。

你的大脑是如何获得这种方式的

一个主要因素是遗传，也就是你父母遗传给你的特定的基因。某些基因会增加患抑郁症的风险，因为它们会逐渐影响特定的情绪环路的调节。然而基因并不决定命运，它们只是为你

的神经环路以特定方式发展提供了可能性。

另一个主要因素是你的早期经历，尤其是你遭遇的任何创伤。这些经历对脑环路发育的变异程度以及你的基因如何表达（这一过程称为表观遗传学）会产生很大影响。表观遗传学可以使某些基因激活或失活，即调高其表达或者使其沉默（Miller，2017）。有时这些发育过程中的经历是有帮助的，有时无济于事。有没有特定的早期经历使你的大脑陷入抑郁？详细记录艰难的经历有很多好处（见第 5 章），不过现在，你可以只**把浮现在脑海中的经历列出来。**

____

____

____

____

____

____

你不能改变基因，不过没关系，你没必要为了对抗抑郁而改变基因。实际上，思想和行为上的小变化都会影响你的表观遗传学，从而有可能提高或降低基因的影响。

虽然你也不能改变早期经历，但有时你可以从不同的角度重构它们，从而改变你对它们的信念，这会对你的大脑产生积极作用。有关你过往经历的表观遗传机制和信念都发生在当下，成了你所面临难题的最后一部分：生活现状。

回顾你的生活现状

你的生活现状包括工作（或者没工作）、人际关系、应对策略、态度、信念、锻炼、睡眠，以及近期经历。你认为其中任何一项会导致你抑郁吗？请加以解释。

工作：______________________________

____

人际关系：______________________________

____

应对策略：______________________________

____

态度：______________________________

____

信念：______________________________

____

锻炼：______________________________

____

睡眠：______________________________

____

近期经历：______________________________

____

其他经历：______________________________

____

这项练习的目的是了解影响你的脑活动和化学物质的因素。生活现状是所有难题中你唯一有掌控感的部分，尽管你并不能完全控制。有些影响因素你能够改变，而有些你改变不了，但往往你不清楚这些因素到底是以上哪一类。

了解你现在所处的位置将帮助你厘清需要重点关注后面的哪些章节。在前进的道路上，你会改变一些你可以控制的生活境况，也会学习接受另外一些无能为力的部分。

了解你的个人目标

你选择这本书是为了寻找什么？你希望实现什么目标？花 5 分钟写下你想从这本书中获得的。如果尚未完全明确也没关系，只需要写下那些你不确定的。寻找前进之路的过程不会一帆风顺，你甚至可以称其为螺旋状，因此我们稍后（第 7 章）将回过头来再做讨论。在某件事上做错一次，就再做一次，即使仍然不尽如人意，也比什么都不做要有用得多。

____

____

____

____

____

____

____

____

你的脑子出了什么问题

当人们知道我研究抑郁症，并且会用到磁共振成像仪时，他们经常会问我："我的脑子出了什么问题？"答案往往令他们感到惊讶："什么问题也没有。"

当你陷入绝望和黑暗深处，或者被焦虑不安击垮时，感觉就像大脑出了什么严重的问题，但那仅仅是一种感觉，并非事实。即使你的大脑没有问题，你也可能陷入无益的活动和反应模式中。

什么？这一章的一半内容不都是关于出问题的脑区吗？不是有大量的研究都是关于抑郁症患者脑区发生改变的吗？当然，如果让20名抑郁症患者和20名非抑郁症患者在实验室中执行特定任务，扫描他们的大脑，你会在特定脑区发现脑活动的平均差异。但那些差异都是平均水平的，它们是很小的统计偏差。你无法看着别人的大脑去判断他们是否抑郁，脑扫描或者实验室测试都不能用来诊断一个人是否罹患抑郁症。但既然大脑没出问题，患者又是如何患上抑郁症等精神障碍的呢？

正如我在《重塑大脑回路》中描述的，为了理解你的脑环路，你可以将其简化成一套反馈环路，就像麦克风和扬声器。如果把麦克风对准某一个方向，并且把扬声器音量调很高，那么即使一个轻柔的声音也会导致啸叫。麦克风和扬声器都没有问题，它们都按照各自的工作原理运行。问题出在系统上：零件之间的通信和它们获得的输入信号。

你的大脑也是如此。你的杏仁核、前额叶皮层，或者其他任何部分都没问题，它们都照常运行。你被困住的原因在于它们的交流方式发生了动态变化，以及获得的输入信号（例如你

的社交和所处环境）发生了变化。

幸运的是，解决麦克风啸叫问题不需要更换麦克风或者扬声器，你只需要改变麦克风的方向或者调低扬声器的音量。尽管你的大脑复杂得多，但在尝试本书中不同的干预方法时，像这样对神经环路做简化思考也是很有帮助的。一些干预方法有助于调低焦虑环路的音量，另外的一些方法，则能帮助你调高动机或决策环路的音量。

你也可以把大脑想成一把吉他。不管它是能工巧匠制成的一把新琴，还是花 5 毛钱买来的，都能演奏出美妙的音乐。即便是精心打造的吉他，如果音不准，演奏起来也会很难听。吉他本身没问题，只是有的琴弦低半个音或者高半个音。这本书将帮助你的大脑把音调准。

我希望你能从这一章中认识到：①你没有问题；②当你抑郁时，你的大脑往往会试图让你以维持抑郁的方式思考和行动，所以改变通常并不容易；③你可以做到的改变虽小，却意义非凡，且充满力量，能积极影响你的情绪和幸福感。

你不必自责

觉察一下，你是否开始自责或者因为感到抑郁而一蹶不振。患上抑郁症不是你的错，也不是你大脑的错。抑郁症不是错误，而是多种因素共同作用的结果。它是众多疾病中的一种，和糖尿病、心脏病一样。

如果有人得了糖尿病或者心脏病，那不是他们的错：那是他们的生理机能导致的。一些无益的生活抉择可能将人推向如此境地，但那依然不是他们的错。如果在饮食、锻炼、压力水平等方面做出微小的改变，就会对他们的状况产生积极的影响。对抑郁症而言，亦是如此。

这不是你的错，但是你可以成为解决方案的一部分。改变的过程充满希望。这种新的思维方式感觉如何？

◎ 前进，上升

这一章的重点是了解你的大脑，而后续章节的重点则是关于你能做到的生活小改变，这些改变会对你的大脑活动和化学反应产生积极影响。每个小变化也许不能解决问题，但它们聚沙成塔就会产生改变，这是正向循环的一部分。尽管不能保证一定有用，但接受不确定性本身就是解决问题的一部分（见第

7章）。每一次小小的改变都会让你朝着有利于你的方向更进一步。理解这些只是一个开始。

几年前，我参加了一个励志研讨会以寻求提升。演讲者谈了很多重新审视形势的方式，以及可以摆脱困境的方法。但我认为是讲不通的，于是我要求演讲者加以阐释："我明白你的建议，但不明白它们是怎么起作用的。"

他答道："你太纠结于来龙去脉了，做就是了。"

理解固然是有益的，但这不是全部答案。理解对于采取行动或接受有很大的推动作用，但是在试图理解时，人们很容易想太多。

不论你是否理解神经科学，本书中提到的行动建议都是有用的。所以如果你卡在试图理解这个环节，那么先别纠结，理解神经科学的主要目的是帮助你行动起来。

现在你已经更了解大脑中正在发生什么，甚至还包括关键脑环路中的化学物质和活动是如何被调控的。当我们进入生活中变化的各个领域时，继续用你能理解的语言来描述事物，但是不要让理解问题成为阻碍。利用你对神经科学的理解，不断前进和上升。

建立兴趣活动的正向循环练习

这一章是关于“行动”的，就是字面意思，行动产生后果。你的行动不论是有意的还是无意的，都会对关键神经环路的活动和化学反应产生影响。事实上，你可以利用这一点去创造一个正向循环。

对抑郁症最有效的治疗方法之一——行为激活疗法，便是建立在这一思想基础之上的。行为激活疗法关注改变导致抑郁症的无益行为，并整合更多有益行为。研究表明，这种方法可以改变大脑中情绪调节、动机、习惯环路（内侧前额叶皮层、

眶额皮层、背侧纹状体）的活动（Dichter et al.，2009）。

好消息是，这本书不是那种要你做所有你讨厌的事的书。行为激活疗法只是“开始做事吧”的花式说法。在你的生活中融入更多积极活动，包括有趣的活动、有意义的活动、能带来进步感的活动。即使看起来太简单，这些活动依然会对你大脑的活动和化学反应产生可量化的有意义影响。

◎ 做什么

为了扭转抑郁的进程，有五类活动多多益善：

√ 有趣的活动——这类活动可以是有趣的、值得的、令人平静或兴奋的，或者仅仅是保持你的注意力。

√ 有成就感的活动——这类活动可以使你在某方面变得更好，或者完成某事，有助于你获得掌控感或成就感。

√ 有意义的活动——这类活动会创造出更强的目标感，建立与他人的联结，或与比你的想法更广阔的想法联结。

√ 体育活动——让身体动起来的活动，比如徒步、骑行或运动。

√ 社交活动——与他人共同完成的活动。

尽管在上述各类活动之间存在很多重叠（举个例子，很多有意义的活动，比如家庭度假也是社交活动），但好处是一个顶俩！也许你已经尝试了一些类型的活动，那很棒，现在你可以把它们算作你进步的一部分。这又是一个顶俩的好事。

这些类型的活动非常有益，因为你可以投身于活动中，而不是在消极想法中迷失自己。这一章将关注有趣的、有成就感的和有意义的活动。第 3 章和第 4 章的重点是体育活动，第 6 章的重点是社交活动。

选择活动

不抑郁时，你是否更活跃？回想你没陷入抑郁的时候，你都参加什么活动？你能重拾那些活动吗？不想重拾也别担心，当你抑郁时，如果你只做你愿意做的事，就会一直陷在抑郁中。所以你只需要开始行动起来。下表给出了一些建议。当然，我不知道你喜欢什么，或者你认为什么是有意义的，所以请把你自己最喜欢的活动填在空白处。

有趣的活动	有成就感的活动	有意义的活动
泡澡	做填字游戏	花时间和家人在一起
观看体育比赛	洗碗	在当地慈善机构做志愿者
做运动	洗衣服	看你最爱的运动队的比赛
做园艺	消费（付账）	与好友共度时光
读书	读书	读书

（续）

有趣的活动	有成就感的活动	有意义的活动
吃	从事业余爱好	参观博物馆或画廊
烹饪	做假期规划	完成愿望清单里的一项
放音乐	去健身房	给别人制作礼物
画画或其他艺术创作	修东西	写日记
驾驶	演奏乐器	写短篇小说或剧本
听音乐会或看戏剧	散步、徒步或跑步	加入地方运动俱乐部
看电视或电影	学习一门新的语言	
旅行	上舞蹈课	
	上木工课	
	上烹饪课	

你在抑郁之前做过哪些活动？

____

____

____

有哪些活动你很喜欢，但是不太经常参加了？

____

____

____

有哪些活动是你擅长的，或者让你感到自信和成功？

____

____

____

就算做这些类型的活动可能会让你感到困难和毫无意义，但随着时间的推移，这种情况也会发生变化。通过不断重复，你可以训练大脑中的纹状体养成习惯，使事情变得容易。重复还有助于使活动变得更有意义，尤其当你和别人一起参加时。不过，第一步是开始。

◎ 为活动做计划

进行这些活动不在于使你变得更好，也不在于理解了它们的重要性就能帮你变得更好。进行活动时，重点不是想法，而是做。

为了促进更多积极活动的开展，把这些活动列到你的日程安排中很重要。一旦你在日历上添加了一项活动，它会马上开始变得真实起来。大脑对待真实事物和虚构事物的方式有所不同，虚构的事物需要更多的意志力和前额叶皮层的参与，而事物越真实且具体，纹状体就会参与越多，从而使你能以更少的意志力来完成它。

以下是一周日历。首先，写下你打算睡觉的时间。这是

安排一天的好方法。请记住，睡觉不会浪费时间，实际上它可以帮助你缓解抑郁（更多信息详见第 5 章）。因此，把“睡觉”两个字加粗写。

活动计划日历

时间	周一	周二	周三	周四	周五	周六	周日
午夜 0 点							
凌晨 1 点							
凌晨 2 点							
凌晨 3 点							
凌晨 4 点							
凌晨 5 点							
上午 6 点							
上午 7 点							
上午 8 点							
上午 9 点							
上午 10 点							
上午 11 点							
中午 12 点							
下午 1 点							
下午 2 点							
下午 3 点							
下午 4 点							
下午 5 点							

（续）

时间	周一	周二	周三	周四	周五	周六	周日
晚上 6 点							
晚上 7 点							
晚上 8 点							
晚上 9 点							
晚上 10 点							
晚上 11 点							

然后写下其他的活动来填充你的一天，比如工作、吃饭。加入一些有趣的、有成就感的或者有意义的活动，在前面那个练习中你已经确定过这些活动了。一开始计划少一点儿，这样你就不会感到被压垮，把写下的事一一践行。

你可以在书上填写活动计划日历，也可以使用你自己的日程安排本或手机上的日历。尽管电子日历会有发送提醒功能，但用笔把计划写下来会更有真实感。填写至少一周的活动计划日历，然后你可以选择你更喜欢的日历。

◎ 识别无益的想法

当你打算做有益的活动时，无益的想法可能会突然涌入脑海，破坏你的计划。无益的想法只会令你感到更难进行有益的活动。这些想法会引发焦虑，让你一会儿担心这儿，一会儿担心那儿，或者无休无止忧心忡忡于一件事。

大脑产生无益想法的模式在抑郁症患者中很普遍，那是你边缘系统和纹状体活动的产物。

幸运的是，参与有益活动时，你无须铲除无益想法。事实上，你控制不了哪种想法会突然涌入脑海，试图控制它们只会给你带来挫败和压力（关注你无法控制的事物会加强边缘系统的反应）。

首先要承认的是，你的想法不是事实！它们可能与真相相关，或包含真相的元素，但是它们会被你的神经环路触发、过滤和扭曲。例如，我认为流星可能落在我的房子上而砸死我这严格来说是可能的，但这种可能性实在太小了，小到无关紧要。

重要的不是想法，而是你带着这些想法会做什么。如果你正打算与家人共度快乐时光，一个想法突然冒出来，比如“我应该完成工作”，这个想法是有益的还是无益的呢？如果它激发你在回到办公室后更加努力地工作，或者只是使你意识到自己宁愿工作也不愿与家人在一起，它也是个有益的想法。然而，如果这个想法减少了你此刻享受的快乐或导致自暴自弃，那就毫无益处了。你无法选择突然出现的想法，但可以选择如何处理这些想法。

你的想法可能影响你的行动、行为、社交、生理和情绪，但它们与你的感受或行动不是一码事。写出来似乎有些可笑，但的确是当局者迷、旁观者清，因为无益的想法通常都是自动化的，会很快引起强烈的情绪或冲动行为。不过想法终归只是想法，是边缘系统和纹状体的喁喁私语。

想法是你拥有的东西，而非你本身。你不是你的边缘系统，也不是你的纹状体。

识别、确认以及重新定义无益的想法，将是本书中反复讨论的内容。采取小步骤有助于前额叶皮层重拾对边缘系统的控制（Ochsner et al., 2004）。

当你发现无益的想法阻碍了你的正向循环之路时，最好对这个想法提出质疑或与之争辩，就像你与另一个人争论那样。和人一样，有时你的想法会不听劝，不断纠缠你。在这种情况下，忽略它们，继续你的一天，通常会很有帮助。

下面是一些常见的无益想法的模式，了解它们以便你更容易识别。

非黑即白思维

非黑即白思维采用武断的二分法，比如把事物要么归为好，要么归为坏。例如，我要么爱它，要么讨厌它。

如何打破非黑即白思维：生活并非可以被明确归类，既有五彩缤纷，也有很多灰色地带。通常每一件事都有好坏两面，给细微变化留一些空间。

不切实际的期待

与其把对生活的满足感建立在运气上，不如在现实与期待的差异中获得满足感。抱有不切实际的期待是有问题的。例如，一旦我开始进行有益的活动，我的抑郁症就会立即得到改善。

如何打破不切实际的期待模式：自问你的期待是否符合实际，或者你的高期待是否会阻碍你获得幸福。现实是，有益活动有助于正向循环，但并不意味着你应该期待快速轻松康复。不过就算前路困难重重，期待恢复对你而言也很重要，否则你就不用读这本书了。

选择性注意

当我们特别关注事情的消极面而非积极面时，就会出现选择性注意问题。也包括更多地关注消极事件，而忽略或最小化积极事件。例如，我有这么多事不得不做，我的抑郁情绪会变得更糟，或者改变行动永远无法改善我的情绪。

如何打破选择性注意模式：首先，当你用“不得不”这个词时，你就已经把要做的事变成责任而无法真正享受其中了。通常来说，一件事迫不得已是做，心甘情愿也是做。心甘情愿去做一件事，会更有乐趣、获益更多。其次，当你更关注潜在的消极结果而非积极结果时，会增加压力。不如说“我可以做很多事来帮助自己感觉好些”，这会更有帮助。

另外，当你发现自己在说“从不”或者“总是”时，稍等片刻，想想反例。当你找到反例时，可能又会把它们当作无关紧要的东西而不予理睬，那是另一个类型的认知偏差，被称为否定积极。

否定积极

否定积极意味着对某些例子或经验不予考虑，因为它们出于某种原因而“不算数”。例如，有一次参加聚会后，我感觉好多了，但那只是机缘巧合。

如何打破否定积极模式：把所有积极经验都算在内，来做个有意识的决定，不管那些经验看起来多么不相关。

预测未来

你的大脑对未来做出了很多预测，那是前额叶皮层的特点之一。当你处于抑郁状态时，那些预测经常是偏向消极的。例如，那确实帮不上什么忙，所以没必要尝试。

如何打破预测未来模式：承认你真的不知道未来会发生什么，其他任何人都不知道。自问对未来的预测是否会潜在地帮助你采取积极行动，还是会对你造成阻碍。

识别无益的想法

有哪些无益的想法阻碍你进行活动或者使活动对你缺乏吸引力？你注意到了任何无益想法模式吗？除了本章列举的模式之外，你还发现了其他的模式吗？

____

____

____

____

____

____

你无须准确地给它们分类，事实上，这些模式互有重叠。你甚至压根儿不需要给它们分类。仅仅识别出哪些想法是无益的，就是开始行动前所需的全部。

◎ 开展活动的阻碍

当你抑郁时，你很容易因为做不到那些看起来容易的事而评判自己。然而当你没做自己想做的事时，大脑通常会寻找一个很好的理由，或者至少一个原因。你可能不喜欢这个理由，但是找出原因会帮助降低自我评判，从而提供前进的路径。

开展积极活动会遇到各种各样的障碍。这里有一份常见障碍的清单，以及一些能够找到前进之路的建议策略。勾选出任何你觉得阻碍你参加积极活动的条目。如果你有办法跨越某个障碍，就勾选出相应的建议策略，或者写下一个你能用来前进的小步骤。如果对于某个障碍你无计可施，那么前进的唯一之路就是接受有障碍这个局限（更多内容见第 8 章）。一旦你接受了自己的局限，这些局限就不再那么限制你了，因为接纳会把你解放出来，让你去关注你实际可以做的事情。

- □ 我有伤，那可能会非常痛苦
  - □ 列出一些你可控的更简单的活动，从这些活动开始。
  - □ 为已有的伤病去看医生、理疗师或其他健康专业人士。
  - □ ________________________________
  - □ 接受这个局限。
- □ 太费时间了
  - □ 利用日历做更高效的时间管理。
  - □ 优先考虑一些简短的有益活动，将其安排于次要活动之前。
  - □ 从很小的变化开始（比如一天 5 分钟）。
  - □ 把活动整合进你已有的安排中（例如，如果你约了朋友喝咖啡，问问朋友可不可以改成一起散步）。
  - □ ________________________________
  - □ 接受这个局限。
- □ 太费钱了
  - □ 找一些免费或者基本上免费的活动，比如徒步、听

广播，或者和朋友闲逛。

- ☐ 盘点你把钱都花在哪里了。是否花在对你重要的或者给你带来快乐的事物上了？如果是，很棒，你把预算优先用在重要的事物上了。如果不是，也很棒。这是个重新分配资金的机会。
- ☐ ______
- ☐ 接受这个局限。

☐ 太耗精力了

- ☐ 改善你的睡眠（见第 5 章）。高质量睡眠让你有更多精力表现活跃，继而积极主动改善睡眠质量，这是一个完美的正向循环！
- ☐ 养成习惯。重复一项活动的次数越多，背侧纹状体就会得到越多训练，所需的意志力和能量就越少（见第 9 章）。
- ☐ 和他人一起参与活动（见第 6 章）。你可以从他们的精力与热情中获益。
- ☐ ______
- ☐ 接受这个局限。

☐ 我不喜欢

- ☐ 去做就对了。你不需要为了做一件事而喜欢它。不要把注意集中在为了开始而改变心情上，那是不必要的障碍，你只需改变行动。

□ 改变环境。你的情绪、能量水平、决定和习惯都会受到周围环境的影响。与其努力提高意志力去做事，不如从更容易的入手，或者朝目标一点点移步过去。觉得在家效率不高？那就离开家。不想去聚会？那就先打扮起来。不想锻炼？那就开车去健身房，到那里再做决定。在你改变周遭环境前，你不知道自己会有何感受。

□ 识别并标记你的消极感受，这有助于前额叶皮层调控情绪边缘系统，为主动行动而非被动反应提供机会。

□ ______

□ 接受这个局限。

你的局限有哪些？就这些局限而言，有什么可能性？

______

______

______

______

______

______

______

◎ 总结

抑郁症是一种复杂的疾病，但有时解决办法很简单，比如做你喜欢的或者能带给你成就感的活动。话说回来，尽管这些活动可能看起来简单，但实际上，它们背后蕴含了许多复杂的神经科学原理，是创造和获得正向循环的有力途径。

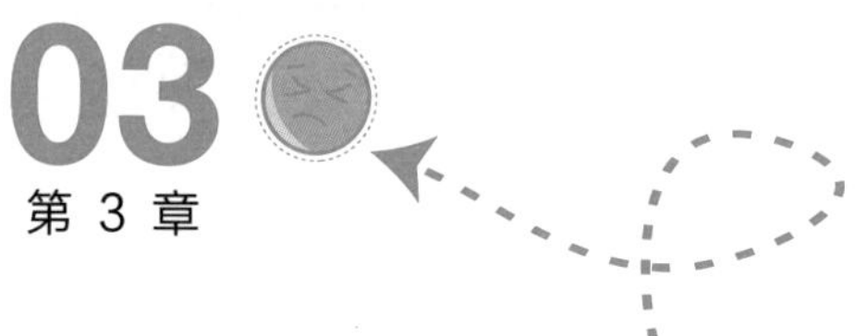

第3章 建立运动锻炼的正向循环练习

美国国家老龄化研究所（National Institute on Aging）的创办人罗伯特·巴特勒（Robert Butler）博士致力于了解如何在老年时期保持大脑与身体健康。经过多年研究，他提出了著名的观点："如果能把运动包装成药丸，那将成为全国使用最广泛的处方药。"（Butler，1978）尽管近些年开发了许多药物，但没有一种药物能比得上运动对抑郁症和焦虑症患者的大脑和神经环路产生的影响那般强大而精妙。

本章及下一章都关注大脑与身体之间的关系。本章侧重

锻炼身体，以及由于运动有针对性地作用于关键脑区和神经递质，从而对心境、焦虑、压力和能量水平产生的许多积极影响。很多这种类型的运动锻炼会被描述为“训练”，但是这个词有时吞噬了其中所有的乐趣。

让你的身体动起来通常是开始扭转抑郁进程的最直接的方式。有时你很难觉察自己的想法或识别坏习惯，但运动很容易理解（尽管这并不意味着很容易做到）。为了帮助你动起来，我们先来说说它对你和你大脑的好处。

◎ 运动锻炼的益处

在开阔的东非稀树草原上时，人类的大脑就开始进化，那时人类的身体可比现代人类要活跃得多。早期人类从不会想到去健身房或者上动感单车课，他们简单的生活方式需要更多体力活动。就像野生动物不能被圈养一样，如果你整天坐着不动，你的大脑就不能正常运转。

很多研究表明，运动锻炼总体上有助于改善抑郁症以及许多特定的抑郁症状。运动锻炼可以改善情绪、注意力和能量水平，还可以缓解身体疼痛和压力。运动锻炼之所以有这么多作用，是因为它能够影响许多不同的脑区和神经递质系统。

牢记大脑的特性是有帮助的，因为你肯定会有锻炼中感觉不佳的时候，特别是在身体不舒服的情况下。幸运的是，经过反复练习，你可能就会开始感觉良好了。不过，无论你现在感觉如何，运动锻炼依然会给你的大脑带来持续的重要变化。

盘点这些益处

逐一核对运动锻炼对你而言尤为重要的益处。

运动锻炼会……

- □ 提高意志力以及调控情绪

  运动锻炼会促进血清素分泌（Melancon，Lorraine，&Dionne，2014），这有助于增强前额叶皮层的情绪调控能力。

- □ 降低压力及其有害作用

  时间久了，运动会降低皮质醇浓度（Nabkasorn et al.，2006）。有意思的是，运动锻炼本身也是一种压力，不过是一种好压力，因为是你选择了它。运动也会增加大脑释放的脑源性神经营养因子，它就像大脑的肥料，能使神经元更具抗压能力，甚至帮助海马中的新神经元生长（Olson，Eadie，Ernst，& Christie，2006）。

- □ 支持健康习惯

  你是否发现自己容易冲动且无法克服坏习惯？运动能

通过调整控制习惯的纹状体环路来帮助你（Jansen Van Rensburg，Taylor，Hodgson，& Benattayallah，2009）。多巴胺在这些环路中尤为重要。

□ 增加乐趣

重复性练习会使伏隔核内产生更多的多巴胺受体（Greenwood et al.，2011），这解释了为何运动锻炼有助于提高趣味性和快感，而且不仅是锻炼中的乐趣，也包括生活中其他方面的愉悦感。

□ 减轻疼痛和不适

疼痛把你击溃了吗？运动锻炼可以来帮忙。两种特殊的化学物质扮演了重要角色：内啡肽（Boecker et al.，2008）和内源性大麻素（Sparling，Giuffrida，Piomelli，Rosskopf，& Dietrich，2003）。内啡肽是大脑内形成的类吗啡物质，而内源性大麻素是大脑内形成的大麻素类物质。这些化学物质有助于减轻疼痛，提升幸福感和愉悦感。这凸显了一个重要的观点：任何对大脑有影响的药物之所以起作用，是因为大脑能够产生起到相同作用的化学物质。当你从外部获取时这些化学物质，它们会在大脑中扩散，并可能产生意想不到的负面后果。但是，如果让大脑自行产生化学物质，则可以使它们通过更有针对性和更精妙的方式起作用。

□ 提高睡眠质量

你有失眠或者其他睡眠问题吗？你会在第 5 章读到，运动锻炼能使入睡更容易，尤其是傍晚的锻炼（Buxton，Lee，L'Hermite-Baleraux，Turek，& Van Cauter，2003）。运动锻炼还通过改变睡眠中大脑的电活动，让大脑更放松，来提高睡眠质量。

仅仅是想想你可以如何从运动锻炼中获益，就有助于前额叶皮层调节伏隔核，从而提升愉悦感。你还能想到运动锻炼的哪些益处？

____

____

____

____

◎ 放胆做

你是怎么开始运动锻炼的？耐克标志性的广告宣传中有一件重要的事是对的：除了放胆去做，别无选择。为了说明这一点，我们用移动你的手臂来举例。首先，你有移动手臂的愿望。然后，计划如何移动你的手臂。现在，移动你的手臂吧。

移动的愿望和计划都不是移动的必要部分，这两项任务调

动了前额叶皮层或边缘系统，但没有真的让你的手臂移动。你无法只通过想象就实现移动，或者只凭感觉就能真的移动，你得真的去做。

你实际做到的一点点锻炼，也比那些未实施的庞大锻炼计划更加使你受益无穷。记住这一点，让我们动起来。

读完这段之后，暂停片刻。起身在房间里走一走。做 10 个开合跳，如果你做不到，就练 15 秒空击（轻轻拳打空气）。现在暂停阅读，去做吧。我会在这里等你。

我没开玩笑，如果你还没有活动你的身体，那么这一章对你毫无意义。花点儿时间动一动，相信我，当你回来时，还可以继续阅读这章其余的部分。

你注意到身体感觉的任何变化了吗？或是心境、能量、压力水平的任何变化？请加以描述：

____

____

____

____

____

____

刚才这个小小的运动练习已经让你步入正轨了，即使是简短的重复动作，也会开始调整血清素系统（Jacobs & Fornal, 1999）。每当你做某件事时，都会强化纹状体内的联系，使你更容易再做一次。有时这被叫作肌肉记忆，但它并非发生在肌肉中，而是发生在你的大脑中。但是你必须采取行动，才能对此加以利用。

◎ 动起来

当你听到“训练”这个词时，会想到什么画面？我想到了使人挥汗如雨的健身房里，成排的跑步机、椭圆机、楼梯机上，都是在健身的人，他们戴着耳机，或是盯着电视机看美国有线电视新闻网（Cable News Network，CNN）。这一章标题的重点是“运动锻炼”，而非“训练”，因为“训练”这个词听上去通常像是你的医生说为了健康你需要去做的事，或者像中学体育课上被迫去做的蹩脚活动。

把运动和活动看作你本该去做的事或不得不去做的事，抱着这类想法通常是无益的。一旦你不再思考你应该去做什么，就会更容易发现你想做什么，而那往往是同一件事。如果把一项活动看作训练会令你难以享受其中，那么只把它当作一项体育活动或运动好了。

运动锻炼不一定是很难或无聊的，它可以很有趣。这是个感受自己身体的机会，借此机会深呼吸并与世界联结。简单的运动会产生深远的影响，它会影响意志力、身体、情绪，甚至

潜在地影响精神。

回顾之前的章节，在你擅长的愉快或者有意义的活动中，有没有能够同时兼顾运动锻炼的？或者你能想到任何新的活动吗？如果有，把它们写下来，如果没有，可以看下一个练习中的运动锻炼建议。

____

____

____

活动你的身体

第一步： 查看列出的运动锻炼建议，圈出你感兴趣的活动。如果想到其他的运动锻炼项目，写在空白处。

第二步： 将清单通读一遍之后，再看一遍，找出每一项你能做的项目，即使操作起来不方便或者可能性不大。暂时先不考虑可行性。

第三步： 在对你的舒适度有轻微挑战的选项旁画个星号。也就是说，如果你发现自己很难离开沙发，就在“在家里走一走”旁边画个星号。如果在小区里散步看起来比较容易，那么就在更难的项目旁画星号，比如“开合跳”或“瑜伽”。

第四步： 如果你马上就能做你画星号的运动，那就立刻开始。也许只是2分钟慢跑，或5分钟开合跳，或者1个俯卧撑。否则，为你画星号的运动做个计划。一旦你完成了，就在星号旁打个钩。搞定。恭喜你！稍后我们会讨论如何使运动锻炼正向推进，但好消息是你已经开始了。

运动锻炼建议

□	起身离开沙发	□	打保龄球
□	在屋里走走	□	骑马
□	在小区里走走	□	爬楼梯
□	跑腿（去商场、超市等地方）	□	踩椭圆机
□	清理院子（耙树叶、铲雪等）	□	游泳
□	在公园散步	□	慢跑
□	上下楼梯	□	骑行（户外、健身脚踏车或动感单车）
□	传接游戏（足球、棒球、飞盘）	□	划船（河上或划船机上）
□	在练习场打高尔夫球	□	练瑜伽
□	俯卧撑、仰卧起坐、深蹲或弓箭步蹲	□	做普拉提
□	平板支撑或侧向平板支撑	□	练巴西战舞
□	跳跃（比如开合跳）	□	摇呼啦圈
□	打太极	□	滑板、滑板车或滑冰（滚轴或真冰）
□	投掷冰壶	□	冲浪
□	徒步	□	划独木舟 / 皮划艇
□	玩动感电子游戏（如，WiiFit）	□	划桨冲浪
□	跳舞（自己跳，在舞蹈课上跳，或在俱乐部跳）	□	上有氧运动课
□	投篮	□	空击

（续）

□ 在棒球练习场击球		□	跳绳
□ 攀岩		□	有氧搏击
□ 体育运动：		□	举重
□	棒球 / 垒球 / 儿童足球游戏	□	跑 5 公里 /10 公里 / 马拉松
□	躲避球	□	铁人三项训练
□	网球（场地网球或乒乓球）	□	拳击 / 武术
□	高尔夫（常规、迷你或飞碟高尔夫）	□	做综合体能训练
□	排球	□	__________
□	篮球	□	__________
□	极限飞盘	□	__________
□	橄榄球 / 腰旗橄榄球	□	__________
□	短柄墙球	□	__________
□	壁球	□	__________
□	足球	□	__________
□	曲棍球		
□	长柄曲棍球		

◎ 细节

如果你是那种希望我单刀直入告诉你该做什么的人，那你走运了。科学家和医生都已经验证了体育锻炼在平均水平上对缓解抑郁的作用，我将对体育锻炼给出一些建议。但在我开始之前，你必须保证会把这些建议当作指南，而不是视为要求。它们听起来可能有点儿多，如果你发现这令你泄气，那就跳到下一部分，先别为这部分内容担心。

最大化抗抑郁效果的指导原则是每周进行 3 ～ 5 次中等强度的运动，每次 45 ～ 60 分钟（Rethorst & Trivedi，2013）。保持这个节奏至少 10 周，以获得最好的抗抑郁效果。

研究表明，运动类型无所谓，只要你有规律地进行。你可以做有氧运动，如快走、跑步、骑自行车或体育运动项目，也可以做力量强化练习，如举重、普拉提或瑜伽，力量强化练习应该包括上下肢练习。

你可以去慢跑、骑车或者到健身房选择你最喜欢的有氧器械。先慢慢进行 5 分钟热身，然后做 30 分钟中等强度的运动，最后再慢慢做 5 分钟放松运动，记得保持深呼吸，享受锻炼过程。结束后做 5 分钟拉伸（下一章会讲到这么做的好处）。

为了减轻疲劳，你可以边听音乐边锻炼，尤其是充满正能量且节奏强烈的音乐（Karageorghis et al.，2009）。如果你真的不爱锻炼，有时分散注意力也能让锻炼更有趣一些。你可以随意听听广播或是看看电视，无所谓看安德森・库珀（Anderson Cooper）[㊀]还是《比弗利娇妻》(*The Real Housewives*)，只要你在运动就行。

㊀ 美国有线电视新闻网新闻主播。——译者注

列出一些可以在你运动时听的歌曲或广播节目，并且制作一份节目单：

你也可以尝试更多样的有氧运动。这里为你提供了一个不需要任何额外装备的运动方案样例。

√ 10 个屈膝（深蹲）

√ 10 个俯卧撑（或者一个俯卧撑姿势保持 30 秒）

√ 20 个仰卧起坐

√ 10 个弓步走

√ 30 个开合跳

试着从 5 分钟慢跑或快走开始。然后一项项进行，每两项运动之间充分休息，直到呼吸均匀。上述所有项目为一组，完成 3 组。最后做 5 分钟放松慢跑和 5 分钟拉伸运动。

如果完成以上所有项目对你来说太难了，那就把每组五等分（每组包括：1 分钟热身慢跑、2 个深蹲、2 个俯卧撑，等等），还是做 3 组。如果第一周你能锻炼 3 次，就是个很好的开始。之后，在下一周可以增加一点儿。

◎ 原地出发

就运动锻炼而言，你处于什么样的运动状态？你是不是整天坐在桌子前，甚至很难起床？也许你唯一的运动就是走去取车。你是否偶尔去趟健身房？你是否每周踢一次足球？

顺便对做很多运动的读者说一句：你有可能锻炼得太多了。如果你一次跑步跑好几个小时，或者做非常高强度的训练，或者每天都锻炼，那么你可能给身体太大压力了。如果你是在这个极端，时不时进行充足的休息会使你获益。

你可能不喜欢自己的运动状态，但好消息是，现在你锻炼得越少，就越能从增加运动量中获益。不管你喜不喜欢自己的运动状态，你都是这样，所以承认这个事实，做一个你能力范围内的计划。每一小步都是有益的，都有助于正向循环。不用担心你不能做或做不到的运动。还是那句话，比起你完不成的大计划，你从实际完成的少量运动中更能获益无穷。

如果你发现自己很难做任何运动，没关系。别去想每周 3 次 45 分钟的锻炼，从更轻松的开始。

◎ 稳扎稳打赢得比赛

《伊索寓言》中，乌龟不急不躁，稳稳当当前进，最终赢得了比赛。当然，你的生活并非比赛，记住这一点会更有意义。然而，稳扎稳打仍是最好的前进之路。

锻炼最难的部分就是开始，所以刚开始尽可能简单，去除障碍。如果跑 5 英里[㊀]的目标似乎有点儿高不可攀，那就跑 1 英里。要是跑步对你来说根本就是不可能完成的任务，就从在小区里散步开始。

曾经在我感觉艰难的阶段，我就采取了这样的策略。我每天都会出去走一走。一开始只是围着小区转，慢慢就走得远一点儿，两个小区，三个小区，跟随脚步去它想去的地方。

走路散步是一件特别容易的事，因为它无须准备。对于其他形式的锻炼，你可能必须要换衣服换鞋，或者耗尽力气去完成，又或者必须去健身房或篮球场。然而对于散步，你只需要打开门走出去。

如果你身体不适，从简单的锻炼开始尤为重要，因为你确实

㊀ 1 英里≈ 1.61 千米。

容易让自己用力过度。不是说你不能推自己一把，只是别逼自己太狠。在你身体不适时，努力反而会引发更多负面情绪，特别是在高强度训练中（Frazao et al.，2016）。选择简单走一走或者更短距离的慢跑。如果连续几周，你都只能做到这些，那也没关系。

你不需要跑马拉松才能见到效果，仅仅 10 分钟中等强度的运动就能提高精力和情绪。再涨到 20 分钟，会带给你更多好处（Hansen，Stevens，& Coast，2001）。不需要立刻投入大量的运动，相关运动研究表明，从每天 10 分钟开始，即使连续很多周不加量，也可改善疼痛和心理健康（Schachter，Busch，Peloso，& Sheppard，2003）。所以，刚开始慢一点儿没关系。

◎ 有助于锻炼的小贴士

许多人抱怨，他们在锻炼这件事上缺乏意志力。很好。养成好习惯的秘诀就是制作时间表，这样你就不需要那么多意志力去做对你有好处的事了。把第 2 章的一些建议用起来，比如把活动计划写在你的日历上。下面给出的一些建议依靠其他途径，比如多巴胺系统，来帮助你继续前进。

系好鞋带

加州大学洛杉矶分校篮球队教练约翰·伍登（John Wooden），

在每个赛季一开始都会让他的队员系好鞋带，目的是使他们集中精神，把意志和能力都投入到哪怕最小的任务上。我想请你也做类似的事，不过会更简单。你甚至都不需要一双有鞋带的鞋，你可以穿着沙滩鞋或人字拖，你要做的只是穿上鞋走出门去。如果你能做到，那就很好。当你走下门前的台阶，走向街道时，这个世界会比你在卧室里盯着天花板时更唾手可得。

你不用非得去跑马拉松，甚至都不用跑1英里，还是那句话，关键是走出门去。和走在开阔的道路上，在落日余晖中自由呼吸相比，当你窝在沙发里时，跑步就似乎没有吸引力了。

下一次你试着一鼓作气去跑步的时候，要记得，你不需要一下子做决定。一点点开始，让自己充分准备，同时改变你的周遭环境，这些都是由海马和纹状体在潜意识里处理的，这样就能让锻炼变得更容易。第一步是穿好鞋，迈出家门，开始走。试着慢跑几步，设定1分钟的计时器，到时间看看自己感觉如何。如果一下看全过程可能令人望而生畏，那就分开一步步看。朝着正确方向迈出一小步，先不用担心下一步怎么样。

为某事而训练

一次在加州大学洛杉矶分校的田径场上锻炼时，我见到一位著名女演员也在锻炼。当我终于鼓足勇气上前询问她为什么锻炼时，她的回答是“为了生活”。

我们只是为了“生活”而保持身形，这样的动机很好，而如果我们心中确实有一个坚定的目标，则更有可能让我们去锻炼。详细计划有助于多巴胺奖赏系统的加入，以促使我们行动。所以，报名参加8英里跑步，或者短距离铁人三项，甚至马拉松！不要只是想想，把它写进你的日历，填写表格，交报名费。这有助于调动多巴胺系统，帮助你保持动力。

如果你能有朋友一起或加入一个队伍，就更好了。运动的正向循环、社交的正向循环以及目标的正向循环，合而为一（后两点详见第6章和第7章）。

什么样的锻炼目标，是你不仅要保证，还得报名参加的呢？

和别人一起锻炼

不要试图做过多不必要的准备。许多人因各种原因想要锻炼，于是他们凑到一起锻炼。和别人一起运动充分利用了社交正向循环（见第6章）。所以，去报班吧！

瑞典的一项研究显示，对于抑郁症，参加运动课程比接受标准化治疗（如看心理医生或咨询师）效果还好（Helgadóttir，Hallgren，Ekblom，& Forsell，2016）。在该项研究中，几百人报名加入了现代健身中心。我想瑞典的现代健身中心一定非常漂亮，具有别致的斯堪的纳维亚现代风格，像是摆放着瑜伽垫的高档宜家。

重要的是，研究者发现课程类型并未引起差异。有些人上了简单的瑜伽课，其他一些人上了中等甚或高强度健美操课。每周有 3 次课，每次时长 1 小时。与接受标准心理治疗的对照组相比，所有的运动组都获得了更好的效果。3 个月后，运动组的抑郁症状比对照组降低了 30% ～ 40%。

该研究表明，一般而言，运动强度不是主要影响因素。重要的是，规律锻炼和与别人一起锻炼。

付诸实施

为了付诸实施，请在下面的空白处写下你计划进行的活动和时间。关于活动的建议，可以是报一个班，去健身房锻炼，和你认识的人一起散步、徒步或跑步，即兴打篮球。

为了找到适合的活动，你可以查阅当地的报纸，联系当地的城市公园休闲部门，到健身房或健身工作室里看看它们都提供什么服务，也可以去当地的文化中心或老年活动中心看看，或者在网上搜搜（例如，搜索“我所在区域的极限飞盘”）。

列出你计划去见的人或参加的课程，把所需的联系信息写下来。如果你需要报名，在第 3 列写下报名的日期和时间。如果你需要联系某人搭伴，在第 4 列写下活动的日期和时间。

活动	联系信息	报名日期和时间	活动日期和时间

把你报名参加的定期活动记在日历上也是很有帮助的（你可以利用第 2 章中谈到的活动计划日历，或者用你自己的日程安排和日历工具）。由于纹状体以刺激－响应型的方式起作用，因此，在你的日历中加入计划事件可以触发纹状体帮助你进行实际操作。

把它当作一个游戏

佩戴 Fitbit[㊀]或运动监测器，把它当作一个游戏，看看你是否能达到每天 10 000 步。有人觉得这个目标遥不可及，那就先从 2 000 步开始。还有人觉得太简单了，就上调到 15 000 步。

如果你在用跑步机，给自己设定一个距离作为高分目标。

㊀ 智能运动监测品牌。——译者注

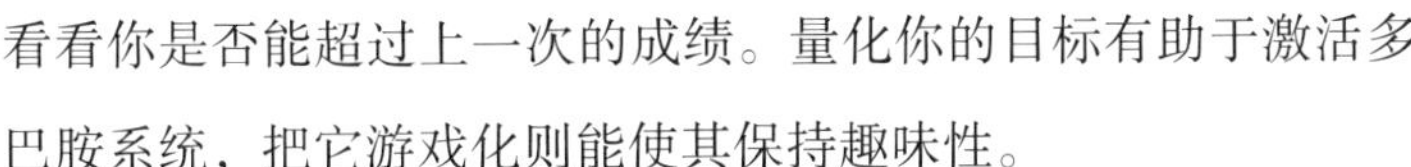

看看你是否能超过上一次的成绩。量化你的目标有助于激活多巴胺系统，把它游戏化则能使其保持趣味性。

阿甘，快跑！

你可能还记得1994年的经典电影《阿甘正传》中的一幕，阿甘开始跑步，不停地跑。运动并非总要先经过一丝不苟的计划。来点儿刺激的，以释放更多多巴胺，进行一场冒险。穿上鞋就走，不带一丝特别的锻炼目标，漫无目的。只是迈出家门，让好奇心驱使你去往任何你想去的地方。如果你累了，就歇会儿。要是你渴了，就喝水。你的身体为运动而生，享受其中吧！

◎ 总结

运动锻炼带来的一些好处是立竿见影的，而大部分需要几周时间方可充分体现。关键是坚持下去，即使每次只做一点点。持续性将使你步入正轨。

你每周能达到的最小运动量是多少？一天1个俯卧撑？步行30秒？不管你现在选择做什么，向前迈出一小步总好过什么都不做。

不过即使你并未马上体会到改变，请记住，你依然在对大脑传递积极信息。开始时慢一点儿，耐心一些，提醒自己幕后正在发生的所有神经化学变化都促成了正向循环。

希望到这个节点，你已经至少体验过了一次热血澎湃，或者你已经奔向世界去冒险。毫无疑问，动起来是开启正向循环的最佳方式之一，但非唯一途径。如果到目前为止，你还没有进行备战奥运式的训练，一天做 500 个俯卧撑，或者跑 1 场马拉松，别担心。这本书后面的几章中包含了很多技巧，这些技巧不仅能帮你创造自身的正向循环，也将有助于锻炼身体。

大脑与身体之间的关系并不限于运动锻炼。身体内还有更微妙的力量在起作用，影响大脑的活动和化学反应。这就是下一章要谈到的。

04

第 4 章

建立呼吸和身体的正向循环练习

你的大脑依赖于身体，而身体内发生的一切又会影响你的大脑。第 3 章谈了运动锻炼的影响，然而实际上，身体运动能以许多方式改变大脑中的活动和化学反应。身体和大脑共存于一个反馈环路中，如同一套麦克风和扬声器，其中一个发生变化就会对另一个造成影响。

不管你是否注意到，你的大脑都在持续关注身体及生理过程发出的微妙信号，包括对心率、呼吸和肌张力的测量。生理上的微小变化会改变大脑收到的信号，从而对焦虑和抑郁产生很大影响。这一章将解释如何通过呼吸、拉伸、面部表情、姿势等来改变信号，从而使情绪和压力得到改善。首先，我们来探讨一下你可能不了解的生理机能的关键方面。

◎ 心跳的节奏

你的心脏一生都在跳动，但即使你只是坐在那里，它也并非始终保持同样的节奏平稳跳动。它会像一个具有表现力的交响乐指挥家那样忽快忽慢，这称作心率变异性。在抑郁时，心跳节奏更趋于保持不变，如同节拍器，所以抑郁症患者的心率变异性会下降（Blood et al.，2015）。这往往是压力过大的表现，这时交感神经系统的战斗－逃跑反应处于慢性激活状态。

与之相反，高心率变异性则说明身体处于休息－消化模式（即副交感神经系统）激活状态，本书会介绍实现该状态的几种技术方法。例如，随着时间推移，运动锻炼能大大提高心率变异性。呼吸练习也可达到同样的效果。随着心率变异性的提高，抑郁症状也会得以改善。

◎ 呼吸的力量

如果让我下注，我敢打赌，在阅读本书的过程中，你始终在呼吸——吸气，呼出，再吸气——尽管这是维持你生命必需的，但很可能在你读到这段之前，你都没有意识到它的存在。我现在提到这点，并非想说我们应该感激大脑在自动维持我们的生命，这个话题会在第10章谈论。现在我想要谈论的是，呼吸方式的细微变化会对大脑的情绪环路产生深远的影响。呼吸不仅仅让我们活着，还能改善情绪。

呼吸受到大脑不同区域的调控。首要的是脑干中的一个区域，它位于颅内底层深处，确保生命中的每一分钟我们都在持续吸气呼气，不管你是在睡觉、走神、讲话或者在做任何事。和心跳或消化一样，呼吸也是一个自动化过程。然而，与大多数体内自动化过程不同的是，它也受意识控制。

如果你愿意，可以做一个深呼吸。现在就试试。

如果你愿意，可以在呼气之前屏气片刻。来，试试。

你可以快速呼吸，也可以屏住呼吸。对于大多数体内的自动化过程，你是做不到这一点的。你能让心跳加速或变慢吗？你能停止消化吗？正因为呼吸可以在一定程度上受到主动控制，所以它成为改变生理状态的最有效且简单的方法之一。

呼吸通过改变一条特殊神经的信号来影响大脑，这条神经被称作迷走神经，源自脑干，在身体内部器官和大脑间进行信息传递。通过改变你的呼吸模式，你传出的信息也会发生变化，从而影响许多脑区以及身体部位。

鼻吸气

治疗勃起功能障碍的药物伟哥，最初是针对心脏研发的。它作用于体内利用一氧化氮气体的化学信号通路，使血管舒张，血压下降。一氧化氮信号不仅有益心脏健康，科学家们还在研究中发现，它也能帮助男性勃起。辉瑞公司于是决定加大对该项目的资金投入。不过你可以对这个化学信号通路加以充分利用，去实现其最初的目的。

当你通过鼻腔吸气时，实际上比用嘴吸气产生了更多一氧化氮（Törnberg et al.，2002）。因此，使用鼻腔深吸气，会让一氧化氮帮助你降低血压，感到放松。

感觉怎么样？把你的体验记下来。

平稳而缓慢

我们将从和缓的呼吸开始，这有助于让大脑脱离战斗－逃

跑模式（交感神经活动），进入休息–消化模式（副交感神经活动）。已有研究显示，这种呼吸能降低焦虑（Chen，Huang，Chien，& Cheng，2017）和皮质醇水平，并且减少负面情绪（Ma et al.，2017）。

为了达到更好的效果，在每次呼吸之间短暂屏气（1～4秒）会很有帮助。屏气会让你将每次呼吸变成有意行为，而非无意习惯，让你珍惜每一次呼吸，而不是把它视为理所当然。这个短暂的停顿可以起到减轻疼痛感的作用，并促进心率变异性提高（Russell，Scott，Boggero，& Carlson，2017）。

你准备好了吗？

练习和缓的呼吸

1. 首先，坐直、站直或平躺。稍后我们会更深入介绍姿势，不过晃动会影响你深呼吸的能力。
2. 自由呼吸。
3. 现在试着屏一会儿气，再呼吸。不用太长，屏气1～2秒即可，目的是不让下一次呼吸自动进行。
4. 鼻吸气（前提是你没感冒）。有意地这么做。
5. 吸满气时，屏住1秒钟，刚好有足够长的时间让你去体验吸入的空气，并能开始有意识地呼气。
6. 呼气可以用鼻子或嘴，只要你觉得舒服。
7. 全部呼出后，再屏气，之后再做一次呼吸。
8. 用上你的膈肌，它是位于腹腔上方、胸腔之下的肌肉，它能最有效地将空气吸入肺部。呼吸时同样有可能用上胸肌，但其效果不如放松。当你通过膈肌呼吸时，腹腔会扩张，而胸腔反应不大。进行深呼吸时，抬起或收紧肩膀是很常见的，如果你注意到自己是这样的，那就让肩膀放松下来。

9. 现在把节奏放慢，让过程更缓和。在你吸气的同时，慢慢从 1 数到 5。吸饱，屏气，之后呼气时也按照同样的速度数数。每分钟呼吸 4 或 5 次。研究显示，以这样的速度呼吸有助于大脑从战斗–逃跑模式过渡到休息–消化模式。
10. 关注呼吸过程中的身体感觉。感觉吸气时身体扩张，呼气时肌肉放松。

日常练习有意呼吸是减轻压力并开启正向循环的有力途径。正式的练习很简单，使用上一个练习的步骤，全神贯注于你的呼吸。当你习惯了这个节奏，就没必要在每次呼吸中数 5 个数了，不过继续数也不错，这对重新集中精力很有好处。

开始前，设置一个 3 分钟的计时器，然后在呼吸时全身心关注你的呼吸：包括声音、行动、身体知觉。如果 3 分钟太有挑战了，那第 1 天就从 30 秒开始（大概也就 3 次呼吸），第 2 天增加到 1 分钟，以此类推，直到 3 分钟。

为了让自己坚持下去，以周为单位做呼吸日志会有所帮助。在练习有意呼吸后，记录这次的练习时长，并对练习后的感受做 10 点评分。

呼吸日志

	时长	练习后感受如何？ （1～10评分，1代表很糟糕，10代表很惊喜）
第 1 天		
第 2 天		
第 3 天		
第 4 天		
第 5 天		
第 6 天		
第 7 天		

变得更有能量

你感到郁郁寡欢吗？有时你的身体需要些技巧让它运转起来。你可以通过促使大脑从休息态（副交感神经）变为活跃态（交感神经）而使身体运转起来。绷紧肌肉、起立、乱蹦、跳绳、无所顾忌地甩手、做五个快速有力的呼吸，这些都是在模仿生理性应激反应，向大脑发送信号，以开启能量释放的级联反应。现在你觉得更有能量了吗？

压力状态下的呼吸

有规律地练习和缓的深呼吸有助于与纹状体建立联结，你可以在压力状态下这样做。如果你自我感觉压力过大、焦虑或不堪重负，就像你练习的那样做几次深呼吸。

不过，当你感到惊慌或有压力时，通常是很难控制呼吸的。而且有时试着控制呼吸反而会让你感到压力更大。因此，不要太努力去控制呼吸，只稍微做一些调整。

当你感到焦虑或有压力时，注重拉长呼气，呼气时发出“嘘”的声音会对你有所帮助，或者你可以像吹蜡烛那样通过嘴唇慢慢呼气，这样做能促使你放慢呼吸速度。你还可以利用瑜伽中的乌加依（ujjayi）呼吸法，通过鼻腔呼气，同时收紧喉咙（发出嗡嗡声，但没有振动，就像涌上沙滩的海浪发出的流畅声响）。在你的呼吸练习中尝试一下。在你发出声音时，实际上你在减慢呼气的速度，这样将有助于延长呼气。

对于改变压力状态下身体的生理反应，还有一条补充建议：往脸上扑点儿冷水。这样做能激活迷走神经反射，从而降低心率。

◎ 通过改变姿势来塑造你的心情

你的站姿或坐姿会影响大脑活动，包括情绪、精神和信心。抑郁的人倾向于伛偻退缩的姿势，姿势的改变可改善情绪，提高精力水平（Wilkes，Kydd，Sagar，& Broadbent，2017）。尽管一些关于所谓的力量型姿势的研究被证明具有误导性或夸大其词，但更为谨慎的研究表明，姿势会对你的情绪和思维定势产生微妙的影响。这些微妙的影响实际上是利用正向循环的好方法，因为它们提供了在正确方向上做小改变的机会。

你的姿势会影响你对世界的情感体验。例如，在一项研究中，当抑郁症患者以懒散的姿势坐着时，他们的大脑对负面信息的偏向要比他们坐直时更强烈（Michalak，Mischnat，& Teismann，2014）。其他研究显示，懒散使大脑不得不更加努力地工作才能记住快乐事件（Tsai，Peper，& Lin，2016），而坐直可以消除负面影响。

与表情一样，改变姿势不会显著改变你的情绪，但可以强化你所处的情绪状态，无论是积极的还是消极的。例如，如果你情绪低落，那么伛偻和退缩的姿势可能会使你的情绪恶化。如果你感觉良好或做了什么好事，然后以自信或骄傲的态度站立，这会使你的睾酮水平产生微妙改变（Smith & Apicella，2017），甚至增加你在活动中感受到的乐趣（Peña & Chen，2017）。

你无须摆出完美姿势，只需尝试减少不良姿势即可。听妈妈的话，别再无精打采了。如果你一直赖在床上或沙发里，只需站起来就会改变大脑的电动力学（Thibault，Lifshitz，Jones，& Raz，2014）。利用这些简单的变化，让自己感觉好起来。

练习良好坐姿

如果你伏案工作，很可能你一天中的大部分时间都粘在椅子上，那么现在是练习良好姿势的绝佳机会。每半个小时检查一下你的姿势，遵循以下步骤：

1. 坐在椅子的前部，双脚平放在地面上。

2. 坐直。

3. 吸气时耸起两肩，然后呼气时向下放松肩膀。打开胸腔，同时将肩胛骨稍微向后收。注意你的头部是否前倾；如果有，收回来，使其自然放松地位于脊柱正上方。

4. 此时，你有可能已经屏住呼吸，为了保持这个位置而全身紧张。再做一次呼吸让自己放松。试着让这个姿势自然发生，而非强迫。

不同的坐姿感觉如何？你感到更加专注或更有精神了吗？

____

____

◎ 相由心生

曾有人说：“脸是心灵的镜子。”但殊不知，这实际上是个双面镜。不仅情绪会影响面部表情，你的面部表情也会影响情绪。只需简单地活动或放松面部的特定肌肉，你实际上就可以

开始改变感受的方式。

虽然微笑不能赶走负面感受，但你的面部表情可以强化或弱化已有情绪的强度（Coles，Larsen，& Lench，2017）。因此，在你感觉有一点点快乐时，允许自己用笑来放大这种情绪。如果你感激他人，请给他们一个微笑，他可能是你的朋友、超市收银员或者路人甲乙丙丁。在你独自一人感觉不错时，也给自己一个微笑。但是不必觉得你需要假装快乐，那样会适得其反。

如果你感到情绪低落或急躁，消极的面部表情也会加强那些情绪。所以，对于负面情绪，还有另一个解决办法。

放松面部

在加缪（Camus）的《局外人》（*The Stranger*）中，有一天在海滩上，主人公在灿烂的阳光下眯着眼睛，莫名其妙变得满腔愤怒，喋喋不休。这点一直令我不解，但是现在神经科学给了我答案。一些研究发现，在灿烂的阳光下眯缝着眼会增加愤怒和敌意，远离太阳或佩戴墨镜会减轻这些感受（Marzoli，Custodero，Pagliara，& Tommasi，2013）。

也许愤怒和敌意都不是你最大的问题，但是戴上太阳镜或找个阴凉地依然可以是简单的一小步，将你的神经环路导入正确方向。

总的来说，当你的面部肌肉紧张时，你很容易感到情绪紧张。你是在皱眉，还是在咬紧牙关？你不需要从眉头紧锁一下子变成嬉皮笑脸，但至少别再继续缩紧那些肌肉。做个深呼吸，让面部紧张慢慢释放。

◎ 放松肌肉才能放松身心

并不仅仅是面部肌肉会影响你的情绪，身体肌肉紧张也会对情绪及抑郁症产生负面影响。很明显的一点是，它们会增加身体疼痛和不适。肌肉紧张会使运动变得更困难，有时只是坐在那儿，你就感到浑身不舒服。另外，肌肉紧张会增加压力和焦虑，紧张的肌肉在向大脑传递一个信号：你是紧张和有压力的。而反过来，压力又会增加肌肉紧张。有时，心理放松有助于放松肌肉，但由于压力取决于反馈循环，所以从身体放松开始通常更容易。

拉伸

拉伸有助于改善情绪，也会让人体释放缓解疼痛的内啡肽。如果你发现通过前面几章的内容很难开始一项锻炼，或许可以从拉伸开始。

当你做拉伸时，不要拉伸到感觉痛，这点很重要。如果

你做的任何尝试让你感到痛了，就说明你做得太过了。这并不意味着你不会出现不舒服的时刻。不舒服几乎是肯定的，因为你的肌肉很紧。拉伸肌肉时，专注于呼吸和放松。注意这些感觉是痛苦，还是仅仅不适，这是第8章中正念的一部分。在拉伸中放松。如果感觉很不舒服，你无法放松，那就稍微降低点儿强度。

渐进式肌肉放松

尽管许多神经科学研究都很新，但是科学家们对放松效果的研究也已经有百余年了。在1925年，一位名叫埃德蒙德·雅各布森（Edmond Jacobson）的美国科学家提出了当时先进的渐进式肌肉放松技术（progressive muscle relaxation，PMR）。

你曾感到肌肉发紧吗？有趣的是，肌肉是不会自己收紧的。你的肌肉发紧是因为大脑在给它们发送信号，告诉它们应该收紧。由于大脑做了太多你意识不到的事，因而你可能并不清楚大脑在发送信号。

那么你怎样才能停止对肌肉的无意收缩呢？你可以先从有意收缩肌肉开始，然后再放松。这就是渐进式肌肉放松的关键点之一。

练习放松有助于在总体上改善焦虑和抑郁（Fung & White，2012），也有助于渡过难关，比如术后恢复（Essa，Ismail，& Hassan，2017）。它对身体和大脑都会产生影响，降低脑岛及前扣带回的活动，正是这些脑区导致了疼痛体验和身体不适

（Kobayashi & Koitabashi，2016）。经过持续练习，产生的效果可以保持数月之久。

练习渐进式肌肉放松

找一处安静的沙发躺下来，或者躺在瑜伽垫上。刚开始先做几个深呼吸，让任何烦心事随它去吧！把你的担心暂且放到一边，也许它们就不再出现了。

渐进式肌肉放松包括在你努力做全身运动时收紧肌肉，然后再放松。记得你不需要为了放松专门去做什么。在收紧肌肉之后，只是停止收紧即可，没必要做其他任何努力。

在你收紧肌肉的同时，吸气。屏住呼吸并保持肌肉紧绷一小会儿，然后呼气并停止肌肉紧缩。现在你已经了解基本做法了，我们开始吧！

从面部肌肉开始，包括下巴。吸气的同时收紧面部肌肉，保持一会儿，然后放松。重复这个过程至少 2 次。

收紧你的肩膀和脖子。

之后，继续来到手部，攥紧拳头，并且收紧手臂。

收紧腹部和躯干，然后放松。

收紧臀部，然后放松。

收紧脚和腿，然后放松。

当你完成这些后，躺一会儿，自然呼吸。享受像海绵一样把紧张从身体里拧干的感觉。

为了进一步放松，你也可以想象放松的意象。想象你的四肢是放松的确实会降低控制肌肉的神经元反应，让身体从大脑的控制中解放出来（Kato & Kanosue，2018）。你也可以想象

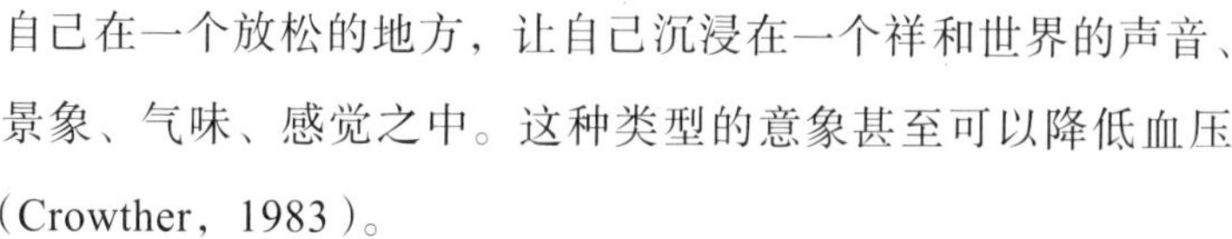

自己在一个放松的地方，让自己沉浸在一个祥和世界的声音、景象、气味、感觉之中。这种类型的意象甚至可以降低血压（Crowther，1983）。

试着把可视化方式加入拉伸或渐进式肌肉放松之中。想象肌肉放松的感觉。想象自己在一片温暖的沙滩上，听着附近海浪撞击的声音；或者在林中小屋，裹着温暖舒适的毯子，守在噼里啪啦燃烧的火堆旁，伴着雨水溅落在屋顶的声响。

◎ 瑜伽和现代神经科学

瑜伽结合了健身、拉伸、呼吸和正念，所以在锻炼或正念的章节中介绍它都行。瑜伽的一大优势是，它能通过多种方式产生正向循环。

众多研究已表明，瑜伽有助于抑郁和焦虑的改善（Cramer，Lauche，Langhorst，& Dobos，2013）。它对大脑有广泛作用，例如，瑜伽与安定（Valium）和阿普唑仑（Xanax）等抗焦虑药物一样，作用于相同的具有镇静功能的神经递质系统（GABA），因此也具有抗焦虑作用（Streeter，Gerbarg，Saper，Ciarulo，& Brown，2012）。频繁练习瑜伽已被证明可以增强大脑中海马的大小，这是健康脑的一个标志（Villemure，Čeko，Cotton，& Bushnell，2015）。它也会令负责内感受的脑区（脑岛）增大，从而增加对疼痛的耐受性（Villemure，Čeko，Cotton，&

Bushnell，2014）。

瑜伽体式

尽管瑜伽的练习者们几十年来一直在宣扬瑜伽对心理的益处，但在这不到一百年里，现代科学的追赶步伐一直缓慢。现在人们已经以严格的科学方式对瑜伽进行研究了。一项研究显示，某些瑜伽体式可以最大程度改善情绪：后弯体式和扩胸体式（Shapiro & Cline，2004）。并且，在治疗抑郁症的传统方法中加入瑜伽也收效显著（de Manincor et al.，2016）。

快速扩胸式

为了快速利用扩胸带来的情绪提升效果，请尝试以下的简单操作。可以坐着或站着进行。

抬起下颌向上看。

慢慢展开双臂，手掌朝上，像是要拥抱天空。

深吸一口气，再呼出。

虽然瑜伽的效果需要长期积累，但它也可以是提高情绪的一种快捷方法。即使是一次瑜伽练习也可以立即减少战斗－逃跑反应，改善免疫系统功能，减少压力激素并增加睾酮，从而增强活力（Eda et al.，2018）。

学习瑜伽最简单的方法之一就是报名参加适合初学者的瑜伽课。瑜伽的类型并不重要，实际去练习就好。参加瑜伽课可

能比独自练习更有效，因为它包含了正向循环的更多方面（例如，与人相处，改变环境），但独自练习仍然有益。你可以尝试以下几种体式，并且可以跟随许多网络视频练习。

瑜伽体式和动作

一次完整的瑜伽练习可能要花上 1 个小时甚至更久，但是做一次简短的练习仍然是有益处的。有规律地练习确实是有帮助的。例如，我每天早上会做大约 2 分钟瑜伽，这确实有助于我集中精力、保持平静、提高效率。

当你做每一个体式时，保持 2 次或更多次呼吸。就像这一章前面做过的练习那样，也同样练习和缓的呼吸，这是瑜伽的一个要点，而瑜伽是有助于减少抑郁症状的。每一次呼吸都有意识地去做，2 次呼吸之间做短暂停顿，或许你可以尝试乌加依（ujjayi）呼吸。

眼镜蛇式

脸朝下趴下，脚背也朝下。手掌放在胸部两侧，就像你要做俯卧撑，但双手离得更近些。将两肘保持在体侧，肩胛骨向中间收紧。双手推地将背部轻微反躬，直到下颌抬起，目视前方几米远的地方。做几组呼吸后慢慢放下身体。

猫牛式

双手双膝撑地，双肩在双手上方，臀部在双膝上方。当你呼气时，下颌向胸部回收，并拱起后背。当你吸气时，抬起下颌向上看，并反躬背部。慢慢重复5次。

举臂山式

直立，双臂放在体侧，深吸一口气，同时向前举起双臂，手掌相对，直到双臂伸向天空。抬起下颌，同时微微向上看。放松肩膀。

依次做完上述瑜伽体式后感觉如何？把你注意到的任何事写下来。

____

____

____

____

____

____

____

◎ 为生活加点儿音乐

有人说音乐可以驯服野兽，但是它也能驯化野蛮的边缘系统。放松的音乐可以减少皮质醇且增加催产素，催产素有助于我们感到与他人的联结（Nilsson，2009）。在压力状态下，放松的音乐能降低心率和血压（Knight & Rickard，2001）。毫无意外，音乐所具有的这些减压功能有益于应对抑郁症。

音乐也能令人兴奋，具有刺激性，这恰恰对抑郁症很重要。一首歌也确实可能增加你的心率和血压（Bernardi et al.，2009）。音乐能够促进内啡肽的释放，并增加伏隔核的活动，伏隔核有助于减少疼痛并顺着脊柱向下传递一阵快感（Blood & Zatorre，2001），这样可以降低焦虑并提高心率变异性（Nakahara，Furuya，Obata，Masuko，& Kinoshita，2009）。

这里有一些令你的生活充满更多音乐的方法：

- ☐ 演奏一种你喜欢的乐器，或者去上课，学一学你一直很想学习演奏的乐器。
- ☐ 洗澡时唱歌。
- ☐ 在车里唱歌。
- ☐ 跟着收音机打节拍。
- ☐ 加入一支乐队。
- ☐ 在教堂唱歌。
- ☐ 去音乐会或拉歌会。
- ☐ 在家做饭、打扫或打发时间时播放更多音乐（买一个好音箱会有帮助）。

让你的生活中充满更多音乐有助于你感觉良好。做一份有助于你平静下来的歌单，再做一份有助于你感觉更兴奋、更有精神的歌单。你可以把歌单写在下表（见表 4-1）空白处。

表 4-1　使你平静或兴奋的歌单

平静的歌曲	兴奋的歌曲

◎ 提高体温

人类是恒温动物，这意味着我们能调控自己的体温，但是并不意味着我们能以理想的方式实现它。轻微提高你的体温会让抑郁症状改善几天（Janssen et al.，2016）。提高体温会刺激产生血清素的脑干区域，从而在全脑产生广泛作用。

这里有一些提高体温的方法：

- □ 蒸桑拿。
- □ 泡个热水澡或冲个热淋浴。
- □ 运动。

- ☐ 喝点儿热的，如咖啡、茶或热巧克力。
- ☐ 烤火。
- ☐ 穿暖。
- ☐ 裹着毯子。

◎ 总结

你对身体的生理反应没有绝对的控制权，但你可以控制一些，而且这通常足以建立一个正向循环。认识到你的身体如何影响你的感受，既有积极的影响也有消极的影响。照顾好你的身体，就是照顾好你的大脑。

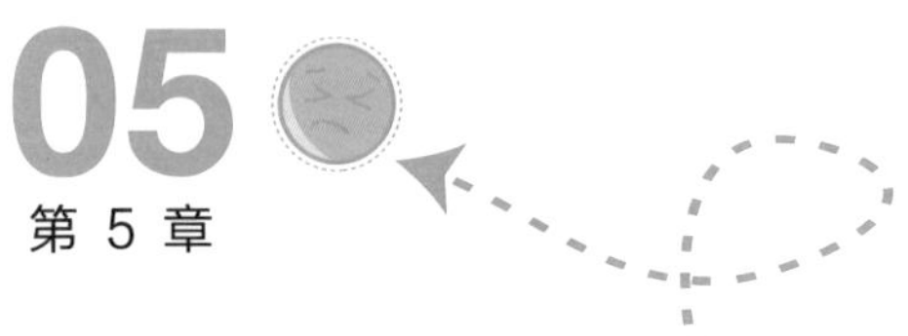

第 5 章

建立睡眠的正向循环练习

作家欧内斯特·海明威（Ernest Hemingway）曾说："我喜欢睡觉。一旦醒来，我的生命就要倾向于崩溃。"或许你能理解。然而睡眠不仅仅是一个暂时逃离意识的机会，它也为补充大脑、储存能量、改善情绪、减轻压力与疼痛提供了一个途径。

睡眠障碍，即失眠或睡得过多，是抑郁症的一个普遍症状。睡眠出现问题是一个不幸的恶性循环，因为糟糕的睡眠质量会导致不良的睡眠习惯，继而导致睡眠质量更差，长此以往影响情绪，引发焦虑。事实上，如果睡眠质量问题不解决，它首先会增加罹患抑郁症的风险（Sivertsen et al.，2012）。

鉴于我们生命的大约三分之一都花在睡觉上，并且由于睡眠影响与抑郁症有关的许多神经环路，因而改善睡眠质量是开始或加强正向循环的好办法。这一章关注良好（及不良）睡眠对大脑的影响，并将通过一些简单的技巧来指导你改善睡眠质量。

◎ 睡眠与大脑

在给出具体建议之前，我想先从神经科学角度解释一下睡眠。然后我会重点介绍睡眠对大脑和抑郁症的影响，使你可以全面了解睡眠的益处。

睡眠结构

睡眠不仅是你大脑关机的时间。即使你并没有意识到，在你睡着时实际上也发生了很多事。大约每 90 分钟，你的大脑会完成一轮睡眠各阶段（阶段 1 ～ 4，而后是快速眼动睡眠）的循环。伴随大脑保持的微妙平衡，每个睡眠阶段花费的相对时间会在一整夜之间发生变化，这被称为睡眠结构。

在深夜醒来会破坏你的睡眠结构。实际上，睡眠质量的高低并不在于睡眠的总时长，而取决于连续睡眠的时间。连续 6 个小时的睡眠比有中断的 8 个小时的睡眠更能恢复精神。

大脑的内在时钟

虽然睡眠中的大脑活动很重要，但这只是一部分。实际上，关键的神经系统在全天候工作，具体来说，这就是你大脑内部的生物钟。大脑的生物钟对于保证睡眠质量和白天的清醒都很重要，它控制全天的激素波动。大脑的生物钟具有许多功能，被称为昼夜节律。

昼夜节律会促使人体在早上释放皮质醇，使你做好面对一整天事务的准备（这是一件好事），并在晚上释放褪黑素，使大脑进入入睡状态。昼夜节律主要受下丘脑控制，因此它们与边缘系统以及你的情绪密切相关。稍后，本章将介绍如何充分利用昼夜节律来获得高质量的睡眠。

大脑从睡眠中受益

以下是充分利用昼夜节律和高质量睡眠给大脑带来的一些益处。逐一清点对你特别重要的任何影响。

- ☐ 良好的睡眠有助于提升情绪。

  你可能会想到，改善睡眠质量可以改善情绪。首先，失眠会破坏前额叶功能，而前额叶皮层对调节边缘系

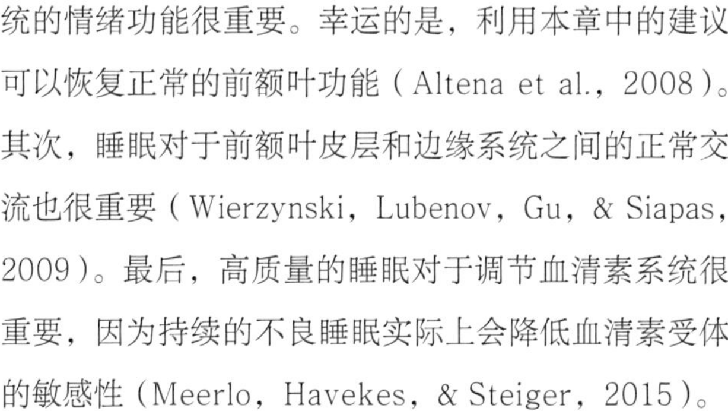

统的情绪功能很重要。幸运的是，利用本章中的建议可以恢复正常的前额叶功能（Altena et al.，2008）。其次，睡眠对于前额叶皮层和边缘系统之间的正常交流也很重要（Wierzynski，Lubenov，Gu，& Siapas，2009）。最后，高质量的睡眠对于调节血清素系统很重要，因为持续的不良睡眠实际上会降低血清素受体的敏感性（Meerlo，Havekes，& Steiger，2015）。

□ 良好的睡眠有助于减轻压力。

改善睡眠会减少压力激素（Lopresti，Hood，& Drummond，2013），也会提高前额叶去甲肾上腺素信号，这对适当的应对压力很重要（Kim，Chen，McCarley，& Strecker，2013）。

□ 良好的睡眠有助于养成健康的习惯。

高质量的睡眠影响大脑的奖赏环路，扰乱睡眠则会使大脑偏向于对短期而非长期奖赏做出反应。例如，充足的睡眠会减少大脑中眶额皮层和脑岛对垃圾食品的偏好反应（St-Onge，Wolfe，Sy，Shechter，& Hirsch，2014）。因此，拥有高质量睡眠的人更容易做出有益于长期健康的选择。

□ 良好的睡眠有助于减少疼痛和不适。

高质量的睡眠可增加缓解疼痛的内啡肽的释放（Campbell

et al., 2013)，所以睡觉是减轻疼痛和不适的好办法。很遗憾，疼痛会扰乱睡眠，这也是慢性疼痛如此隐匿的原因之一。如果你常常无法直接控制疼痛，试试本章及后面章节给出的其他建议，通过间接途径起作用。

□ 良好的睡眠有助于提高思维清晰度。

改善睡眠会提高思维清晰度，有几个原因。首先，高质量的睡眠可以改善前额叶皮层的功能（Altena et al., 2008）。其次，睡眠对于从大脑中清除全天化学反应积累的代谢分解产物至关重要（Xie et al., 2013）。如果这些化学垃圾不被清除，就会干扰神经加工过程。

为什么睡眠的这些益处对你很重要？

____

____

____

____

本章中的建议将帮助你获得这些益处。

◎ 是什么妨碍了良好的睡眠

就寝时间以及全天的工作都会影响你的睡眠质量。对睡眠

质量和日间清醒程度有影响的日常实践和习惯，都归为一个广义术语：睡眠卫生。

就像良好的口腔卫生可以保持牙齿强健和亮白一样，良好的睡眠卫生亦可改善你的睡眠质量，并提高你日间的精力和清醒度。在我讲述什么是睡眠卫生之前，让我们先看看你当前是怎么做的。

检查你的睡眠卫生

你当前的就寝时间是什么时候，或者你在睡觉前 1 小时内都做些什么？

____

____

____

____

____

____

你会做以下事情吗？选出你每周至少会做几次的事情。

- ☐ 在床上使用手机、平板或笔记本电脑
- ☐ 晚睡
- ☐ 就寝时间不固定
- ☐ 睡醒时间不固定
- ☐ 周末在外面待到很晚

□ 上夜班

□ 准备睡觉时被打扰

□ 白天没有做一点儿运动

□ 白天没有足够的日照

□ 摄入很多咖啡、茶、汽水、巧克力或其他含有咖啡因的食物或饮品

□ 晚上饮酒

□ 下午 4 点之后摄入咖啡因

□ 吸烟

□ 在嘈杂的环境中睡觉

□ 在光线过多（从窗户透进或来自照明设备）的房间睡觉

□ 睡前或上床之后进行紧张的活动（比如工作）

□ 睡前两小时内进行运动锻炼

如果你持续做上述清单中的任意一项，那么你的睡眠质量可能受到影响。睡眠质量不高可能使抑郁症恶化，所以改善你的睡眠卫生是一个很好的起始点。

◎ 养成良好的睡眠卫生习惯

下面是一段关于良好睡眠卫生习惯的描述。检查有哪些习

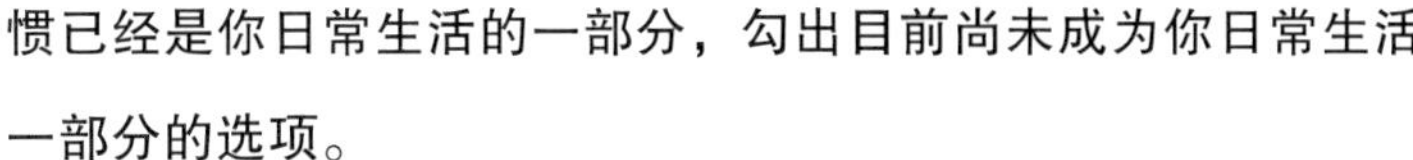

惯已经是你日常生活的一部分，勾出目前尚未成为你日常生活一部分的选项。

- □ 规律的就寝。

  基于你的昼夜节律，你的大脑会为了准备入睡而释放褪黑素。遗憾的是，你无法直接告诉大脑你的就寝时间是几点，它需要通过每晚在同一时间睡觉而得到训练。就寝时间稍有一点儿变化，偶尔晚睡，都没问题，但是你需要明确设定一个就寝时间。这样你会更容易入睡，并且睡眠质量更高。

- □ 白天多晒太阳。

  你的昼夜节律会在每天早上见到亮光时被重置，所以如果你整天在昏暗的办公室里，你的内在生物钟就可能不同步了。早上花几分钟在阳光里走一走，并且白天保持办公室光线充足，靠窗坐，或者休息时到室外走走。这些步骤将增强褪黑素在夜间的释放。

- □ 夜里将光线调暗。

  夜里明亮的光线会扰乱褪黑素释放。你不需要在黑暗中散步，但请关闭不必要的灯，或者使用调光器，尤其是在临近就寝时间时。蓝光的危害更大，因此请使用在许多手机和平板电脑上都有的夜间模式。而且，在你关灯后，电子设备上的 LED 灯即使亮度再低，也还是很亮，所以请将其遮盖起来。

□ 保持充足的睡眠，使得第二天感到神清气爽。

通常，年龄越大，所需的睡眠越少——大学生需要大约 8.5 小时，而到了 60 岁就会减少大约 1 小时。然而那只是平均水平，你的睡眠时间可能会比它多一点儿或者少一点儿。尽管你可能担心自己没有足够的时间睡觉，但好消息是质量比数量重要。实际睡眠时间比你本身需要的更多，这并非对你更好。略微少睡比睡得太多更健康（Strand et al.，2016）。你无法积攒睡眠，所以不要试图在熬夜之后补觉，那只会让你第二天晚上睡不着。

□ 让你的卧室舒适。

睡觉时需要让交感神经系统平静下来，如果你觉得睡眠环境不舒适，睡眠就会变得更困难。营造一个宁静的卧室环境，移除或隐藏令你兴奋或压力大的东西（例如电视或电脑）。假装你正在设计一个水疗中心。这听起来可能很蠢，但是海马和纹状体都会受到环境信号的影响，这些提示信号表明这是一个宁静的环境，从而触发与睡眠和放松之间的联系。如果你的房间太热、太亮或太嘈杂，请采取一些措施，例如尝试使用白噪声机播放舒缓的声音。如果你的卧室环境不能改变，那么唯一的积极途径就是接纳，这将在第8章中谈到。

- □ 你的卧室是为睡觉准备的。

不要在卧室工作、算账、进行任何压力很大或需要集中精力和很多思考的活动。可以进行诸如阅读之类的轻松、平静的活动（除非你的失眠确实很严重，在这种情况下，请在其他地方阅读）。这样一来，你的大脑就会将你的床与睡眠联系起来，并会引发困意。

- □ 不要小憩。

小憩会令你更难入睡。明确地说，小憩可以帮助你在午睡后感觉更好，但并不能帮助你在当天晚上更好地入睡，也不会帮助你在第二天感觉更好。偶尔小憩是可以的，但请不要在日常工作中经常打盹儿。

- □ 形成让自己平静的就寝仪式，为大脑入睡做准备。

具有仪式感的就寝有助于你摆脱一天中的忙碌状态，为大脑入睡做好准备。如果你跑来跑去，整天都在处理各种令人头疼的事情，然后回到家一头栽在床上，大脑仍然需要慢慢放松下来，于是你可能难以入睡。就寝仪式可能是刷牙、洗脸、上厕所，然后看几分钟书，或者喝点儿花草茶、给孩子读睡前故事、写感恩日记，总之这些都应该是愉悦的、无压力的活动。

☐ 避免咖啡因、酒精和尼古丁。

咖啡因和尼古丁都是可能让你入睡更加困难的刺激物。即使你能入睡，刺激物也会干扰你的睡眠结构，使睡眠不那么安稳。有些人比其他人对咖啡因更为敏感，因此在傍晚摄入咖啡因也会造成问题。酒精可能使入睡更容易，但是它很可能让你很快醒来，当这成为习惯后，就会干扰睡眠结构（Roehrs，Hyde，Blaisdell，Greenwald，& Roth，2006）。虽然你想要使用这些物质是可以理解的，因为它们往往会带来短期的好处，但遗憾的是，长期来看则会产生负面影响。利用本书中给出的诸多建议，可能有助于减轻你对它们的依赖。

☐ 注意饮食。

一方面，不要在睡前吃大餐，因为消化不良会干扰睡眠。另一方面，如果你发现自己因饥饿而分心，可以吃点儿清淡的小吃。对喝的也是同理。晚上不要喝太多，因为起夜也会扰乱睡眠结构。

☐ 锻炼。

把有规律的运动锻炼当作生活的一部分（见第3章）。锻炼对你的昼夜节律具有同步的作用，并且可以减轻压力，从而改善睡眠。夜晚锻炼会使褪黑素释放延迟，导致更难入睡，而傍晚锻炼收效最佳。

为高质量的睡眠做好准备

描述你目前的睡眠卫生习惯是怎样妨碍高质量睡眠及日间清醒度的。

____

____

____

____

你可以立即养成什么习惯？你认为将这些更好的睡眠卫生习惯应用于实践的过程中，可能会遇到哪些挑战？

____

____

____

在面临这些潜在挑战时，你清楚如何实现更好的睡眠卫生吗？

____

____

____

◎ 日志以及文字的力量

语言对人类大脑具有强大的影响。因此，简单的写作可以从许多方面改善睡眠质量及其他抑郁症状。

表达性写作

表达性写作着重发掘你对创伤、焦虑或其他负面事件的深层想法和感受。尽管本章是关于睡眠的，但这种写作的益处远不止改善睡眠，还有更多。它有助于将语言与你的深层情绪联系起来，增强前额叶皮层对杏仁核的调控（Memarian，Torre，Halton，Stanton，& Lieberman，2017）。这不仅能整合你的想法和感受，而且能降低消极感受的强度。

把困难事件写下来

写下过去的困难事件，或其他不断在你脑海中浮现，并带来消极想法和感受的事件。设定一个15分钟的计时器，并写下你对该事件最深刻的想法和感受。不要回避难处，因为把那些难处写下来会带来极大的好处。不用担心语法、拼写、写得好与坏，甚至有没有意义，你只需要写下来就是了。

在时间结束前，如果你想不出什么要写的东西，那就写写你怎么想不出任何要写的东西，直到脑子里蹦出另一个想法。如果你无法掌控自己的感受，那就写写你如何无法完全描述自己的感受，也蛮好的。尽管继续写。你可以写在下面空白处，也可以写在你的日记本上或电脑上。

____

____

____

____

____

____

____

____

____

____

____

____

你无须把你写的内容与他人分享，甚至你自己都不用去读。忽略不愉快的想法和感受很容易，但重要的是把它当作一个探索的机会，去发现其中还散落着些什么。

连续3天重复此过程。如果你仍在考虑同一事件，请继续写这件事，但尝试把你之前写过的想法和见解整合起来。

写下你担心的事情

担心会激活前额叶皮层，并且常常涉及边缘系统和应激反应，这些都会使入睡更困难。有时你的担心是不合理的或者夸张的（关于这个话题，本章稍后会进行更多的讨论），但你的担心也可能是完全合理的，诸如当你在思考明天需要做的所有事时。一项研究发现，写下待办事项清单的人能更快入睡（Scullin，Krueger，Ballard，Pruett，& Bliwise，2018），下面这个简单的写作练习或许可以派上用场。

列出待办事项清单

作为就寝仪式的一部分，花几分钟写下你担心的待办事项清单。现在你可以放心去睡了，明天你将记得要做的这些事。

________________	________________
________________	________________
________________	________________
________________	________________
________________	________________

也许你想在床边放本子和笔。如果你想到任何需要记住的事，可以把它记下来，以便明天提醒你。

表达感激

花一点儿时间写下你感激的事可以改善你的睡眠质量。当你准备睡觉时，请回想过去的一天，写下3～5件令你感激的事，可大可小（诸如，一份新工作或一顿美味的午餐），或者是生活中你心存感激的人。

坚持写睡眠日记

要真正了解你的睡眠状况有多糟糕，坚持写睡眠日记会有帮助。实际上，如果你去找睡眠专家，你要做的第一件事就是坚持写睡眠日记。每周的睡眠日记可以让你了解自己的处境，甚至可能会注意到一些可以让你自己开始解决问题的模式。如果你最终决定去找睡眠专家，请携带睡眠日记向他们展示。

每周睡眠日记

写下天数和日期。每天早上，记下前一晚的就寝时间、早上醒来时的感觉、睡了几个小时、夜里是否醒过或者被打扰。到了晚上，记下你白天是否锻炼、摄入咖啡因或酒精、服用药物，如果有，请记录时间和数量。描述一下你的就寝仪式，或者你在睡前 1 小时内做了什么，例如淋浴、刷牙或看电视。

	早上填写				晚上填写	
天数/日期	就寝时间	醒来时间	感觉如何	睡眠时长	是否夜醒	锻炼，咖啡因，酒精，药物	就寝仪式
第1天							
第2天							
第3天							
第4天							
第5天							
第6天							
第7天							

◎ 用认知行为疗法治疗失眠

良好的睡眠卫生对任何人都有益，但是如果你真的已经有严重的失眠问题，那么你可能需要依靠更先进的技术。针对失眠的认知行为疗法（cognitive behavioral therapy for insomnia，CBT-I）对处理由抑郁症引起的失眠极有帮助（Perlis，Jungquist，Smith，& Posner，2006）。CBT-I 使用的策略中有一些是长期有益的（诸如许多认知策略），但其用到的一些行为策略只会在短期内让你的睡眠回到正轨。

失眠问题不仅是缺乏睡眠，也包括因睡眠的不确定性和不

可控性引发的焦虑。所以如果你的失眠问题真的很严重，首要目标就是简单地提高大脑的入睡能力。

入睡并不是你努力尝试就能做到的。实际上，就像手中的流沙一样，你越努力，攥得越紧，它流得越快。对我而言，这听起来像是个恶性循环。所以我们要做的是，让你无须去做这些努力即可更轻松地入睡。

这里介绍的技术只是 CBT-I 的冰山一角。有些你可以自己轻松掌握，但其他可能会更难一些。请记住，你不必什么事都靠自己。你还可以寻找其他 CBT-I 资源，训练有素的精神卫生专业人员可以指导你完成。

设定一个固定的起床时间

失眠后的一种常见反应是，试图睡懒觉，尽可能晚起。人们认为，当你终于能睡着的时候，你就应该能睡多久睡多久。这听上去很合理，但是解决失眠问题重要的并不在于有足够的睡眠，而是重新学习如何入睡和保持睡眠。而且，遗憾的是，睡懒觉反而会起到阻碍作用。此外，如果你遭受和失眠相反的症状的折磨，一直在睡觉（即睡眠过度），那么设闹钟就更加重要了。

睡懒觉的问题之一是它会破坏你的昼夜节律。睡懒觉还使你更有可能在就寝时间到来时感觉不到累。因此，如果你要设定一个固定的上床睡觉时间，那么也设定一个固定的起床时间。

用闹钟设定一个合理的时间，并在一周的每一天都设定相同的闹钟。如果你失业或从事自由工作，始终如一的起床时间对改善睡眠特别有帮助。

在下面的空白处写下你要设定闹钟的时间。然后记下那些你在设定的时间起床时可能会说的任何抱怨，这样可以节省你的时间，使你在闹钟响起时不必历数所有抱怨。

闹钟响起时，不要按“稍后再响”按钮。起来吧！你也没什么好办法逼自己起床，但不得不这样做。你能做的仅仅是诚实面对自己的承诺，并坚持下去。

严格限制睡眠时间

如何避免入睡困难或睡不踏实呢？答案是让自己更加困倦。你怎么让自己昏昏欲睡呢？简单的办法就是减少睡眠。剥夺自己的睡眠似乎是反直觉的，但是有意识地采用结构性方法进行睡眠训练，你可以重新训练大脑更快入睡并保持睡眠状态。这是一个很难实施的策略，因为几天或几周后你很可能会感觉更糟，所以我建议在你真的有严重失眠时使用它。然而，如果你患有双相情感障碍、睡眠呼吸暂停或癫痫，则应避免使用该策略。这实际上是一种复杂的处理方式，最好由专家指导，但我可以为你提供一个简化的表格。

要实施此策略，请查看你的每周睡眠日记，并计算出你的平均睡眠时长。然后将其乘以 1.1，这就是你睡眠时长的新目标。

假设你通常在晚上 11 点上床去睡觉，早上 7 点醒来，但最终你平均只睡了 5.5 小时。取 5.5 乘以 1.1（5.5 小时 ×1.1=6.05 小时），四舍五入约为 6 小时。为了计算出新的就寝时间，请固定起床时间不变，然后倒推。例如，如果你睡眠时长的新目标是 6 小时，那么你新的就寝时间将是凌晨 1 点（即早上 7 点减去 6 小时）。因此，你现在要等到凌晨 1 点才爬到床上，而不是试图在晚上 11 点就上床，然后辗转反侧几个小时或在半夜醒来。4 天后，如果你能快速入睡并且大部分时间都处于睡眠状态，那么请将就寝时间提前 15 分钟，再重复上述过程，之后每隔 4 天重新调整一次。坚持记睡眠日记，以帮助你了解所有情况，如果你的目标睡眠时长少于 6 小时，则应寻求专业的监督。

在这个过程中，你肯定会感到非常疲倦，但是在重新训练大脑使其能够更快入睡并保持睡眠态后，你将循序渐进直到最终获得整夜睡眠。

刺激控制

刺激控制的目的是利用经典条件反射带来的益处，简言之，就是使用线索来触发行为。在这种情况下，线索就是你的床，而行为是入睡。

理想情况下，你爬上床后应很快入睡。实际上，晚上进入卧室后，你紧接着就应爬上床，然后睡觉。每一步都为大脑进行下一步做好准备。

但是现如今，你晚上进入卧室，紧随其后的是焦虑和担心，并怀着这样的心情上床。所以，为了打破它们之间的关联，在你不睡觉的时候就不要在床上待着，甚至都不要进卧室。

一直等到你非常困了，再进卧室上床。如果你无法在合理的时间内入睡，就起床离开卧室，做一些放松的事，直到你觉得又困得要睡了。必要时重复上述过程，直到睡意更自然地袭来。

◎ 识别关于睡眠的无益想法

当你准备上床睡觉时（或已经钻进被窝了），无益想法可能会突然涌入脑海，扰乱你的一夜安眠。这些无益想法可以分为不同的类型，包括不切实际的期待、选择性注意、非黑即白思维、小题大做以及关于你认为你应该做什么的“应该”想法。就像在其他时候一样，识别这些想法并尝试以更现实或更有益的思维来重构这些想法，这么做是有帮助的。

不切实际的期待

无益想法可能是将所有事都与无益的、不可能的、不必要的高标准进行比较。这种不切实际的期待可能表现为：我每晚必须睡 8 个小时，否则我会崩溃。

重构：现实情况是，某一晚没睡好不会真有那么多负面影响。即使你觉得你已经躺在那儿 1 个小时没睡着了，但现实通常是，你其实短暂入睡了，然后很快醒了，甚至都没意识到。你可以跟自己说：一晚上没睡好不会要了我的命的。或者说：我可能已经短暂地睡着了，只是我没注意到。再或者说：就这样躺着吧，我要休息一下。重构将降低你的焦虑，并帮助你最终入睡。

选择性注意

使用选择性注意会特别关注情况的消极面，通常会扭曲或夸大负面信息的真实性或相关性。“我从来没有睡得很好”就是这种思维的一个例子。

重构：每当你捕捉到自己的想法里出现“总是”或“从不”时，你应该质疑自己是否正在使用选择性注意。为你的想法寻找反例或者其他正面信息。你可以重构你的消极想法，使其更准确地反映现实：有时我睡不好。这个想法引起焦虑或者妨碍睡眠的可能性会更小。

非黑即白思维

非黑即白思维意味着任何事要么好要么坏，必居其一。这样的想法会增加你的压力，并降低自我效能感。一个就寝时间的例子：如果我能一夜安眠，所有事都会好，但是如果这一夜我没睡好，那么所有事都会变得糟糕。

重构：就像生活中几乎所有事一样，你的睡眠不能完全被归为好坏两类之一，它是有不同程度等级的。某晚没睡好是令人不愉快的，但这并不会真正影响我们的生活，一夜安眠也不能解决我们所有的问题。通常，每件事都有好的方面和坏的方面。给细微差别留一些空间。

小题大做

小题大做是指认为最坏的情况将要发生：如果我睡不好，我将无法专注于工作，然后就会被解雇。

重构：认识到最坏的情况是不大可能出现的，事情更可能向好发展。经历过数百个不眠之夜，伴随着对最坏情况的担心，我明白最坏的情况不太可能发生。

“应该”想法

对“事情（不）应该怎样”较真儿是无益的。举个例子：我照着这本书中给出的所有建议做了，所以现在我应该困了。

重构：当你想用“应该”“不应该”或者“必须”这些字眼时，通常可以换成一种更细微、更具有描述性的方式来思考当时的情况。例如：我想睡一宿好觉，或者现在没睡着真是令我心烦意乱。

重构无益想法

你的哪些无益想法增加了你的睡眠焦虑或导致了睡眠问题？你是否一直在使用小题大做和非黑即白思维，或者其他类型的无益想法？这些想法是正确的吗？还是部分正确的？抑或是完全错误的？写下自己3个无益想法的例子。尝试将这些想法归类到某种或某几种类型中，如果做不到也别紧张。然后，通过更有帮助的思维方式进行重构，来挑战每个想法。

无益想法：____

____

重构：____

____

无益想法：____

____

重构：____

____

无益想法：____

____

重构：____

____

◎ 总结

本章给出的建议应该会大大改善你的睡眠质量，但也并不意味着你可以夜夜安眠。即使有些夜晚睡不着，但只要你继续尽力按照书中的指导去做，那么你还是在正确的方向上。如果你不能接受晚上偶尔睡不好，那你就会陷入恶性循环。

缺乏接纳往往会让事情变得更糟，当你躺在那里试图入睡时，脑子里反复想的是如果自己睡不着会有多糟糕，这只是在向自己施压。或许你甚至还在批评自己怎么把事情搞得更糟了。恶性循环通常就这样悄然发生，十分隐蔽。

我们将在第 8 章更多谈到接纳。接纳是建立正向循环的有力途径，并且常常是唯一的途径。你猜为什么？你不可能总是睡得好或者得到充分休息，你也会有感觉糟糕的时候。有时唯一的解决方案是退一步，对自己说："好吧，现在就是这样了。"实际上，你无须对无益想法和感觉做任何事，它们就在那里，灵活处理可以避免使情况恶化。

说到睡眠，有时最困难的事情是躺在黑暗中独自思考。然而即使你是独自一人，也要记住，你并不孤单。你身边的其他人是正向循环的关键部分，我们将在下一章展开讨论。

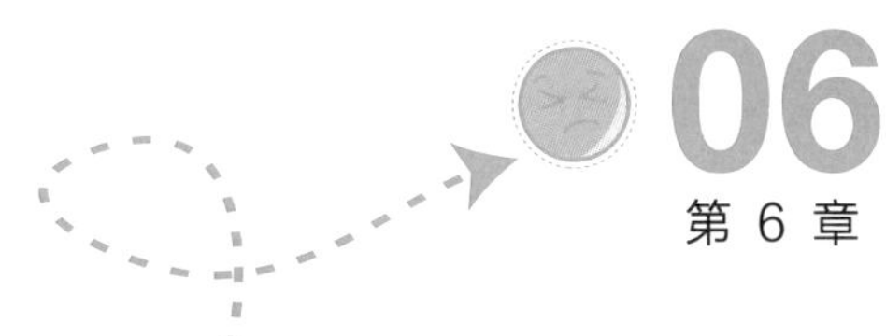

06

第 6 章

建立社交的正向循环练习

不知你是否注意到了人类与其他动物防御策略的不同。我们并不是特别强健或迅速，也没有巨齿、尖角或厚实的皮毛。拥有较大的脑容量当然是个好事，但仅凭这一点是不能保护你独自走太远的。我们在野外生存的唯一途径是互相依靠。

为了使人类保持紧密联系，进化过程利用了一种称为催产素的神经递质，该神经递质通过使我们感到与他人的联结来减轻压力和痛苦。进化还利用了奖赏（伏隔核）和痛苦与恐惧（边缘系统）的现有环路，使我们享受亲密关系，并对社会排斥感到恐惧和受伤。

遗憾的是，在抑郁时，这些系统的反应性稍差一些，使得患抑郁症的人更难被他人的快乐感染，并且更容易体验到严酷的消极影响，从而导致孤独感和社会隔绝感的恶性循环。

幸运的是，可以通过个人和社会手段，以多种方法来改变我们的社交圈。本书大部分内容都在关注你自己可以做的事情，但你终归很难完全靠自己去克服抑郁症并获得快乐。我们的大脑并不是那样进化的。

本章关注他人的影响力，其他人可以通过身体接触、交谈甚至只是待在你身旁等多种方式，影响你的大脑和情绪。你的大脑进化出了依靠他人的需求，本章将帮你利用这一点。

◎ 社会脑

假设你是 3 万年前的远古人类，与你的部落成员一起在林中漫步。你看到一些浆果掉落在身旁，于是花了几分钟把它们收集起来。当你抬头时，看不到任何人，他们似乎已经把你抛在了身后。你大声呼喊，无人应答。你独自一人在黑暗的森林深处走丢了。

3 万年前，独自一人可能会被野生动物猎杀，或是最终因自然因素而丧命，因此，你的大脑不断进化，来避免这种危险

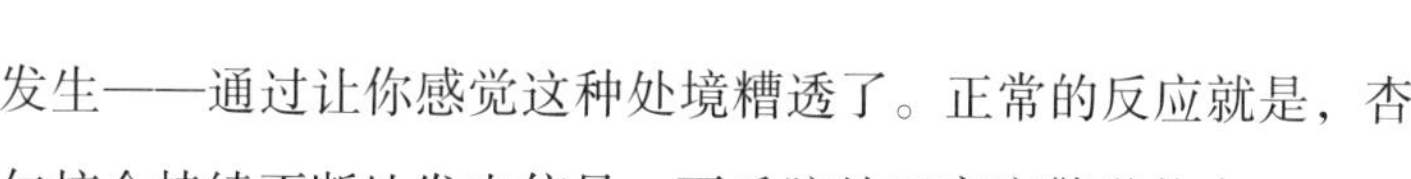

发生——通过让你感觉这种处境糟透了。正常的反应就是，杏仁核会持续不断地发出信号，下丘脑处于高度警觉状态。

遭受社会排斥也很痛苦，这里的痛苦并非隐喻。你的手被纸割破或在炉子上被灼伤会激活大脑中掌控疼痛的回路，即前扣带回和脑岛，而这一回路也会因社会排斥而被激活（Eisenberger，Jarcho，Lieberman，& Naliboff，2006）。不幸的是，抑郁症会增加大脑对社会排斥的反应，表现为在脑岛和杏仁核更多的反应（Kumar et al.，2017）。实际上，大脑在前扣带回的某些部位对社会排斥更敏感，这会增加罹患抑郁症的风险（Masten et al.，2011）。

现在想象一下，你正独自坐在家中，突然感到有点儿孤独，于是你给朋友发信息，他没有立刻回复。你又给另一个朋友发，也没有收到回复。现在，可能的原因是一个朋友正在洗澡，另一个朋友手机刚好没电了，但是你可能没有想到这些解释，而是感觉你的朋友们都抛弃了你。

在过去 3 万年间，通信技术发生了巨变，但是人脑并没有。你的大脑依然感觉像是被独自丢在森林里。虽然你实际上并未处于危险之中，但抑郁症还是会让你感觉自己总是迷失在森林里。

识别你的情绪并用文字来描述它们可以帮助前额叶皮层缓解过度活跃的杏仁核的反应。想到这样独处，你感觉如何？

你感觉你的大脑是否对社会排斥更敏感？你能想到你感到被排斥的某个时刻，而结果证明有更好的解释吗？

◎ 孤独感与社会隔绝

抑郁症造成社交正向循环困难有两个不同的原因：孤独感与社会隔绝。孤独感是一种感觉或知觉，即渴望与他人亲近，同时伴有对无法逾越之隔阂的恐惧。相反，社会隔绝则是个人行为或所处环境导致的，你只是没有和别人待在一起，或者你没有与人互动。

独处而不孤独是可能的。例如，你可能独自坐在家中，却依然感到与家人、朋友的联结。相反，你可能和朋友同事一起聚会，却仍旧感到孤独失落。不幸的是，在抑郁症患者中，大

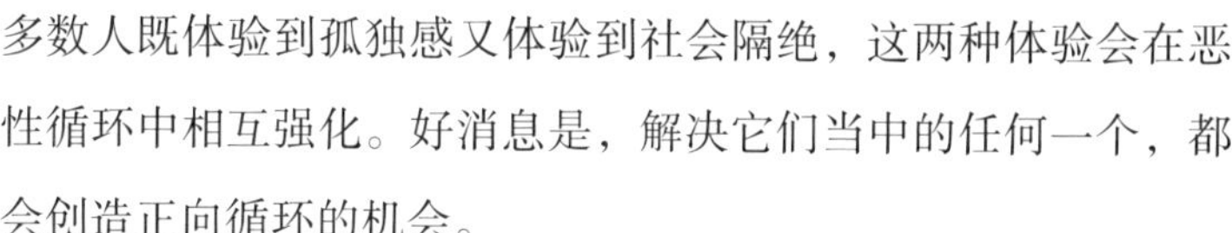

多数人既体验到孤独感又体验到社会隔绝，这两种体验会在恶性循环中相互强化。好消息是，解决它们当中的任何一个，都会创造正向循环的机会。

缓解孤独感

美国芝加哥大学的一个研究小组分析了公开发表的 50 篇关于孤独的研究，发现了三种最有效的缓解方法：创造更多的社交机会，加强社会支持，处理关于互动和关系的无益想法（Masi，Chen，Hawkley，&Cacioppo，2011）。缓解孤独感包括处理社会隔绝，但是建立联结感不仅仅取决于有更多的社交互动，还需要更多有意义的关系。

值得关注的是，结合遗传学和早期经历这两个因素发现，大约 50% 的孤独感遗传自父母，另外 50% 则来自基于目前生活状况的环境因素（Masi et al.，2011）。所以孤独感的某些方面你无法控制，而同时又有很大一部分是你能控制的。甚至是遗传的这部分你也能加以控制，因为其中有一些是有关社交和人际关系的习惯性思维方式的，你可以通过练习来修正那些思维方式。

孤独的人更有可能罹患抑郁症，并以消极的社交态度为借口来孤立自己（van Winkel et al.，2017）。由于大脑的边缘系统在失控时会极度兴奋，因此相比于担心自己无法与他人建立联结，有时选择一个人待着会让人感到平静。

你是否已经注意到了孤独感和社会隔绝？还是两者兼而有

之？孤独感是一种什么感觉？请描述一下，为什么你可能不想和别人待在一起。你是否意识到了造成孤独感或社会隔绝的任何无益想法或信念？认识到自己的倾向及其背后的感觉，有助于你深入了解如何前进。

____

____

____

____

想要独处的冲动是完全可以理解的，甚至是合理的。然而如果这变成了一种习惯，或者独处太久，则是无益的。请努力与他人保持互动。

照顾好自己

当你不太想社交时，放自己一马也是很容易的。毕竟，有什么大不了的？反正没人非得见你不可。

但遗憾的是，这可能会造成恶性循环。如果你不洗澡、不刷牙，那么就更不可能想要与他人交往，从而很难打破这个循环。

所以，即使你不想社交，也还是先按部就班地照顾好自己，采取与社交一致或对社交有利的行动。如果你有规律地洗澡、刷牙，与他人交往就会容易得多。

你的自理记录

清点这些你每天都会做的基本自理步骤。是的，你很容易认为这毫无意义，但还是请这样做。当你抑郁时，无意义感常常会突然涌入脑海。请记住，它们只是一些想法，你不必按照它们说的去做。

	周一	周二	周三	周四	周五	周六	周日	周一	周二	周三	周四	周五	周六	周日
洗澡														
刷牙														
穿戴														

每天开展这些活动，就会加强它们在你的背侧纹状体中的编码，这将有助于确保你的积极行动不必总是依靠来自前额叶皮层的意志力。最重要的是，一旦你开始清点这些项目，就会刺激伏隔核中多巴胺的分泌，从而有助于增加乐趣和动力。

下面这些自理行为也是有帮助的：

- ☐ 理发
- ☐ 美甲或修脚
- ☐ 买新衣服

- ☐ 洗衣服
- ☐ 洗碗
- ☐ 整理床铺
- ☐ 看牙
- ☐ 看病

添加其他任何你能想到的自理行为，然后选择对你来说重要的，并把它们加入从第 2 章开始做的活动计划日历，或者你自己的日程表。

和他人待在一起

当你自己坐在家中时，更容易陷入反刍思维（rumination），反复思考同样的消极想法。有时，仅仅是和别人待在一起，就会产生强大的作用。海马和纹状体都对环境敏感，因此，改变你的社交环境会改变被触发的情绪和习惯。

你有过一个人待着的时候吗？你是否注意到自己有陷入反刍思维的倾向？除了一个人待着，你还能去哪里？

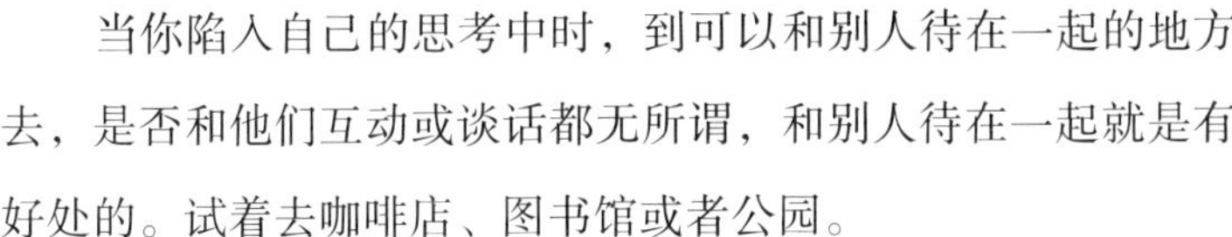

当你陷入自己的思考中时，到可以和别人待在一起的地方去，是否和他们互动或谈话都无所谓，和别人待在一起就是有好处的。试着去咖啡店、图书馆或者公园。

社交活动

与人打电话交谈是一项很重要的社会支持，但是社会支持也可以是更加非正式的。事实上，有时由于共同的兴趣或活动而自然产生的对话可能是最有帮助的。

你喜欢的活动中哪些是需要与他人待在一起的？在你抑郁之前，有哪些与他人待在一起的活动是你曾经喜欢参加的？

____

____

____

____

____

使用第 2 章的活动计划日历或者你自己的日程表，把一些社交活动安排进去。

◎ 加强社会支持

事情不会只是因为你想想就能成真。你感觉自己孤独一人，并不意味着你就是孤独一人。抑郁症悄无声息地让你感到孤独和与世隔绝，通常涉及催产素的信号传导受到干扰（这种神经递质通常会让你感到亲密和被支持）（McQuaid，McInnis，Abizaid，& Anisman，2014）。

无论感觉如何，你都可以依靠生活中的很多人来寻求支持，尽管你实际上只需要一个人。这里有一些步骤可以用来确定和强化你的社会支持网络，并充分利用催产素系统缓解压力，增加愉悦感。

识别你的支持网络

谁是你能够依靠的人？他们可能包括你的父母、兄弟姐妹、好友或者同事。想一想支持你的人或者你感到有联结的人，这会降低大脑对社会排斥的反应（Karremans，Heslenfeld，van Dillen，& Van Lange，2011）。

1. 无论你是否赞同他们，谁赏识或器重你？

____

____

2. 如有需要，谁能提供帮助（如，送你去机场等）？

____

____

3. 你能给谁打电话、发信息或见面寻求情感支持？

____

____

4. 谁擅长给你建议或帮助你做决定?

____

____

5. 你喜欢花时间和谁在一起?

____

____

6. 你能和谁一起活动?

____

____

面对不同的问题，你可能依靠不同的人，或者倾向于大多数情况下依靠同样的人。如果你想不起任何人也没关系，利用社交正向循环的方法有很多，你可以使用本章中的其他方法。

一张照片胜过万语千言

纹状体和海马对环境线索很敏感。利用这一点，你可以通过对周遭环境做小小的改变而感到与他人更加亲近。把你在乎的人和在乎你的人的照片贴出来，或者在明显的地方摆放其他一些能让你想起这些人的纪念品。

当你按照这样的方法改变环境后，注意一下自己的感觉如何。当你注意到某样东西，它令你想起你在乎的人时，你是否感觉良好?

我们对他人怀有的情绪往往很复杂，因为即使是积极的情绪，也可能混杂着悲伤的怀旧之情、渴望或其他消极情绪。那些消极情绪不是坏事，它们通常会提醒你，什么人和事对你很重要。即使你在乎的人不在身边，你仍然可以记住，他们是你生活的一部分，造就了今天的你。

使用你的支持网络

现在，你更清楚谁能支持你，并帮助你获得更好的自我感觉了，那么如何才能更好地与这些人保持联系呢？是什么阻碍了你们的联系？

你给某人打电话约聚会可能是很久以前的事了。如果你处于抑郁状态中，这是很可能发生的，并且你可能认为别人并不想听到你的消息。你甚至可能认为他们会纳闷儿：你为什么要给我打电话？

不过，有没有过一位老友意外地给你打电话？你是烦扰还是惊喜？

如果你发现你是惊喜的，难道你不认为别人也会很高兴接到你的电话吗？如果你发现你不是惊喜的，那么这很可能就是你自卑的证据。自卑本身不是错的，你无须专注于改变你对自己的感觉，你的感觉很难直接被改变。但当你的感觉影响到你的行动时，就成了一个问题。

所以，如果你感觉低落（或许，在你感到低落之前），与你的支持网络进行互动的最佳方法是什么？最好的方法是在现实生活中与人交谈或参加聚会（Sherman，Michikyan，& Greenfield，2013）。其次的好办法是打电话，这好过发信息或写邮件。见到某人或听到他们的声音可以激活你的镜像神经系统，而发信息则起不到这个作用。视频聊天会是个很好的方法，尽管有研究人员（Sherman et al.，2013）发现这实际上取决于你的偏好：如果你不喜欢视频聊天，那么打电话会更好，但如果你偏爱视频聊天，那么这就不失为更好的选择。

打电话

写下三个你喜欢和他们交谈的人的名字（但是已经有好几周、几个月甚至几年没交谈过了）。

____

____

____

给他们打电话叙叙旧。如果觉得尴尬，你可以说："我们有些日子没联系了，我给你打电话就是打个招呼，看看你近来可好。"打过电话后在他的名字前做上记号，不过要记得，以后你还是可以随时致电。

处理负面评价

当别人跟你说话时，你是否觉得烦？是否认为他们自私自利？或不值得与之交谈？这就产生了相应的一系列问题。你对别人越挑剔，就越有可能觉得别人对你挑剔。那是因为我们用来理解自己思想的内侧前额叶与用来理解别人思想的区域相同，并且受情绪性的边缘系统影响。因此，如果你担心他人对你有负面评价和批评，减少这种担心的最佳方法之一，就是减少你自己的负面评价和批评。

过于武断在亲密关系中尤其有害，所以意识到这一点很有帮助。**你是否注意到自己对别人挑剔，特别是对亲近的人？它是如何影响你对他们或对自己的感觉的？**

通常，别人身上对我们造成困扰的事，就是我们困扰自己的事。在如何对待自己这件事上，给自己多点儿宽容和恻隐之心，这将有助于建立你与他人的关系。

把你的手机放到一边

当你和别人待在一起时，你有没有频繁地刷手机？很可惜，这会破坏社交的深度和质量。不管你看不看，甚至只是把手机摆在桌上，都会破坏亲密感和信任感（Przybylski & Weinstein，2013）。把手机放在你的口袋或者钱包里，这么做会更容易获得有意义的社交。

◎ 识别消极的社交影响

有时，消极情绪的触发因素不是事件而是人。扭转抑郁症的进程不仅意味着花更多时间与你的支持网络在一起，还意味着与生活中消极的人减少接触。

研究表明，打破社会关系有时是有好处的（Dingle，Stark，Cruwys，& Best，2015）。他人强化了我们的习惯，包括我们的社交和情绪习惯。所以如果你不喜欢那些习惯或那些人会触发的感受，就改变你的社交圈子。

识别让你消极的人

回答下列问题，来识别你生活中潜在的让你消极的人，并考虑与他们减少联系。

1. 你觉得与生活中哪些人交流起来令人沮丧？

____

____

2. 谁令你感到自己不好或产生消极想法？

____

____

3. 你能减少与这个人（或这些人）的联系吗？怎么做？

____

____

在别人身边感觉糟糕不一定意味着那些人不好或者消极。这种感觉可能不是由他们正在做的事引起的，而是由你的无益思维模式或者你想做的自我改变引起的。如果是这样，那就把你们的交往看作一次个人成长的机会。否则，前进的最佳途径就是让这个人远离你的生活。

遗憾的是，我们并不总是能够把让你消极的人从生活中抹去，但是识别出他们也能让你更有准备。如果你能预测

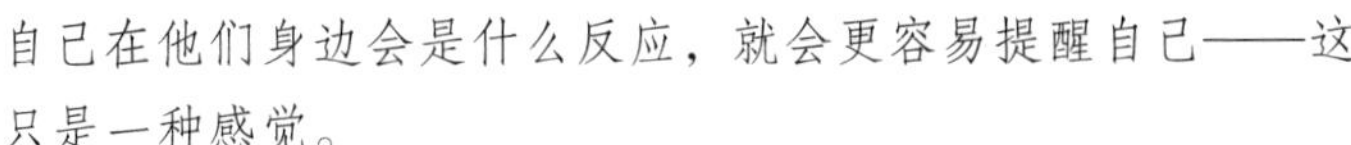

自己在他们身边会是什么反应，就会更容易提醒自己——这只是一种感觉。

◎ 解决冲突

由于人们有不同的目标和观点，冲突在人际关系中在所难免，即使良好的人际关系也是如此。然而，由于牢固的人际关系对于人类大脑的健康运转至关重要，当我们与身边的人发生冲突时，通常会造成很大的压力。为了改善人际关系，你无须消除冲突，只需要更好地处理冲突并减轻冲突带来的压力即可。

压力的最大来源之一是无益思维的模式，被称为情绪化推理（emotional reasoning）。情绪化推理是一种认知扭曲，它认为如果感觉某件事是真实的，那么它一定是真实的。

当有人做了伤害我们的事时，我们通常会觉得他们是有意为之的，或者他们不在乎我们的感受。这可能是，也可能不是事实，即便你痛苦地意识到他人行为对你造成的影响，而实际上，你并不知道他们的真实意图。假定你知道别人脑子里在想什么，那就是另一种常见的认知扭曲，叫作读心症（mind reading）。

我们的大脑非常善于尝试弄清楚别人的意图和动机，以至于我们常常没有意识到自己正在这样做。你的大脑会自动使用内侧前额叶皮层来弄清楚别人在想什么，但不会将其结论视为计算或假设，而是把这些结论当作真理！

例如，你的朋友在你生日那天没给你打电话。你真正确定的只是你朋友做了什么，或没做什么。但你并不确定朋友为什么这么做，关于这个为什么的假设则很可能是你感觉受伤害的全部原因。

当情绪化推理和读心症联手时，你很容易就会陷入冲突之中。如果你能有意识地识别出你正在为别人的意图做假设，这可能有助于你弄清楚到底正在发生什么。这个过程是被称为反思功能（reflective functioning）的一套认知工具的一部分，它使得前额叶皮层帮助失控的边缘系统平静下来。

也许你的朋友是个浑蛋，想伤害你，但也许他丢了手机，或者可能摔断了腿，不得不去看急诊，更有可能的是，你朋友只是忙到没时间打电话，或者纯粹就是忘了。

你不需要知道原因，你只需要认识到自己并非完美的读心者，并对其他可能的解释保持好奇。最终，你可能确定你的朋友真就是个浑蛋，但那至少是你经过一番思考得出的结论。使用下面的练习来分清一个人的所作所为和你的感觉，区分他人的意图和他们带给你的影响。

分析冲突

选择你和身边亲近的人之间尚未解决的一个冲突、争论或局面，你仍然对此感到生气或烦恼。用几句话描述一下

情况。对方会做什么或说什么？暂时把关注点放在这些语言或行为上，不要试着解释为什么会发生。

描述这些行为或语言令你有何感觉。

跟随你的直觉，简要陈述你认为对方的意图是什么。为什么你认为他会这么做或这么说？

现在，你是否可以针对这些语言或行为（背后的意图）提出其他可能的解释？也许这个人很忙、很累或正在为某事烦恼，甚至对你不高兴。你能想到这种行为的其他可能的解释吗？

> 你不必知道对方的真实意图是什么或者这些意图是否合理，有时候，只要重新考虑一下你的假设，就可以使你对情况有更好的感觉，或者至少可以更清楚地了解自己为什么不高兴。

有时，重新思考你的假设将有助于与对方进行讨论。如果你想要获得更多帮助，可以看《高难度谈话》（*Difficult Conversations: How to Discuss What Matters Most*）（Stone，Patton，& Heen，2010）这本书。

◎ 关系中的无益想法

和生活中的其他方面一样，当你决定是出门还是待在屋里，交新朋友还是离群索居时，无益想法都可能突然涌入你的脑海，有破坏你全身心与他人共享快乐时光的危险。但如果你能识别出它们是无益想法，那么你就会成功阻止恶性循环。

当谈到人际关系时，我们的无益想法会尤其难以识别。下表（见表 6-1）是一些无益想法在生活中意外出现的例子。

表 6-1　无益想法

无益想法	例子
预测未来	和朋友们出去玩不会让我感觉更好

（续）

无益想法	例子
选择性注意	对方总是在最后时刻取消计划，或者对方从不听自己的
非黑即白思维	他要么特别喜欢我，要么一点儿也不喜欢我
小题大做	如果我的朋友们不立刻回我信息，就意味着他们生我的气或者不再喜欢我了

检查无益想法

为了识别非黑即白思维，请描写这样的一段时光：当时你对一段关系或一个处境是好是坏陷入疑惑。你能否详细说明什么是好，什么是坏，并且开始加入更多细微差别和灰色地带吗？

____

____

____

____

现在，请描写一段时光：当时你假设了最坏的局面，或者你认为你知道未来如何，而事实证明你错了。

____

____

____

____

下次当你对事情的走向做假设时，就此提醒你自己。

还有其他哪些无益想法，增加了你与他人接近、和他们一起活动或与他们交谈的焦虑或压力？这些想法是真实的吗？是部分真实的吗？或者也许是完全错误的？是不可能的或者不现实的吗？你可以如何对这些想法提出质疑？如何接受它们或忽略它们？

____

____

____

____

◎ 身体接触的正向影响

与他人的身体接触会释放催产素，这有助于我们与他人更亲近并减少压力（Grewen，Girdler，Amico，& Light，2005），长时间的身体接触（如拥抱）或温柔的抚摸（如温柔的爱抚，梳理某人的头发）尤其如此。到处拥抱每个人可能不合适，但是握手通常是可以的。

以下是增加身体接触的方法清单。选出你觉得舒服的（有一点要注意，在所有的身体接触中，双方都应该感到完全舒适），并添加你自己的方法：

- □ 一个持久的拥抱
- □ 拍拍背鼓励
- □ 拥抱问好
- □ 拥抱再见
- □ 握手

- □ 击掌
- □ 牵手
- □ 亲脸颊
- □ 亲嘴唇
- □ 按摩（请一位朋友或专业按摩师来做）
- □ 给别人按摩
- □ 与舞伴共舞
- □ 理发
- □ 修脚或美甲
- □ ______________________
- □ ______________________
- □ ______________________
- □ ______________________

你能和谁有更多的身体接触？你的伴侣？你的孩子？你的朋友？你怎样才能和他人有更多身体接触？

____

____

____

____

____

____

____

向朋友求拥抱可能让你感觉自己情感空虚，但有时空虚是很正常的。给别人一个拥抱也是可以的，尤其是当他们需要支持时。当你拥抱别人时，你也得到了一个拥抱。

性的正向影响

对身体接触的讨论无法完全避开性。抑郁症会减少性欲，这通常导致了恶性循环，尤其是在亲密关系中。如果你不想与伴侣有性方面的接触，可能让你对身体接触都打退堂鼓。你的伴侣可能会感到受伤或被抛弃，从而给你们的关系带来更多压力，让局面变得更难。别忘了说“我爱你。”

如果身体的亲密逐渐在你们的关系中消失，还是有可能重燃爱火的。

尝试按摩，或拥抱，或牵手。如果你与另一半已经没有了身体接触，那么比起设法硬来而可能令你或你的伴侣不适，从小事做起有时更好。

◎ 慷慨和给予的正向影响

肯尼迪总统在就职演说中曾有段著名的话：“不要问你的国家能为你做些什么，要问你可以为你的国家做些什么。”患抑郁症时，思考能为他人做些什么会尤为困难，但也会使你变得更加强大。

可能你读这本书是希望自己可以感到更快乐。有趣的是，通过关注他人往往更容易间接地达到这个目的。值得注意的是，你不需要为了表现得慷慨而故作慷慨。当你不再死盯着自己的处境，开始专注于帮助他人时，你也会得到帮助。

这并不是说你的问题是不真实、不重要的。简单地说，专注于你自己的问题往往不是最佳的前进路径，专注于关怀以及助人则是逆转抑郁症进程的好方法，因为这会激活大脑的奖赏系统（Kim et al.，2009；Park et al.，2017）。实际上，在很多方面，抑郁症会使你成为帮助别人的理想人选，因为你知道痛苦的滋味。还有很多人正在以与你相似或截然不同的方式遭受痛苦。

下面列出了慷慨的具体方法。首先你要清楚这是选择而非义务，在此前提下，选出你可能乐于尝试的方法。你也可以在空白处填写其他表现慷慨的方法：

- ☐ 为朋友做晚饭
- ☐ 给朋友制作或购买礼物
- ☐ 给别人以赞美
- ☐ 在非营利组织做志愿者
- ☐ 为有价值的事业做贡献
- ☐ 参加一项为有意义的事业举办的筹款活动
- ☐ 对别人报以微笑
- ☐ 对别人说一句鼓励的话

- ☐ 做一个好的倾听者
- ☐ 问别人你能怎样帮到他
- ☐ ______
- ☐ ______
- ☐ ______

你能带给别人什么？你如何使他人受益或令他们的生活更轻松？

______

______

______

______

______

你可以把这些行动中的一些写入第 2 章的活动计划日历或者你自己的日程表中。经过实际行动，你会更加自发主动。

◎ 团体的正向影响

人类在部落中进化。当我们有归属感时，我们的感觉最好。如果你感觉自己哪里也不属于，那就加入一个团体。团体不仅会帮助你感觉更好，还能让你觉得对自己的生活有更多掌控感（Greenway et al., 2015）。加入一个团体有助于减轻抑郁症状，甚至可以从根本上预防抑郁症（Cruwys et al., 2013）。可惜它也会从另一方面起作用：如果你离开了给予你支持的团体，则会增加罹患抑郁症的风险（Seymour-Smith, Cruwys, Haslam, & Brodribb, 2017）。

在你罹患抑郁症之前，有没有参加什么团体并表现活跃？

____

____

如果你没有充分的理由离开团体，那就尝试再次加入。而且，你不用觉得需要解释自己为何缺席。但是，如果你有充分的理由离开团体，那么把这个团体留在你的过去或许是最好的选择。现在是时候尝试加入另一个团体了。

利用群体力量的关键因素是获得归属感（Cruwys et al., 2014）。归属感有时很复杂，但你可以通过加入一个志同道合的群体来厘清这种感受。另外，如果你的朋友、家人或同事已经在某个团体中，加入这个团体对你而言可能会很轻松。这是寻求归属感的捷径。

有时你会感到归属感在你的掌控之外，因为它似乎与别人对你的想法有关。然而实际上，归属感是你内在的感受。你可以通过为团体做出积极贡献，并致力于实现其目标和践行价值观，来帮助获得归属感。更多地参与到你已经加入的团体中。

下面列出了加入团体的一些可能性。勾选出任何你想要尝试的，并添加你想到的其他团体：

- □ 加入一个体育联盟
- □ 每周都参加同样的临时篮球赛
- □ 报班（烹饪、舞蹈、木工、创意写作……）
- □ 加入一个志愿者组织
- □ 与他人一起参加铁人三项、马拉松或步行马拉松训练
- □ 加入一个读书会
- □ 加入一个棋牌小组
- □ 加入一个在线兴趣小组
- □ 加入一个 CrossFit[㊀]健身俱乐部
- □ 加入一个抑郁症支持小组（线下或线上）
- □ 加入家委会或其他学校团体
- □ ______________________
- □ ______________________

挑选一个团体并制订加入计划。在你的活动日程表上做标注，并执行到底。

◎ 饲养犬类的正向影响

他人并不是能帮助你利用催产素及社交正向循环的唯一生物。人类已经和家养犬共存了几千年，并且能从神经科学角

㊀ 综合体能训练品牌。——译者注

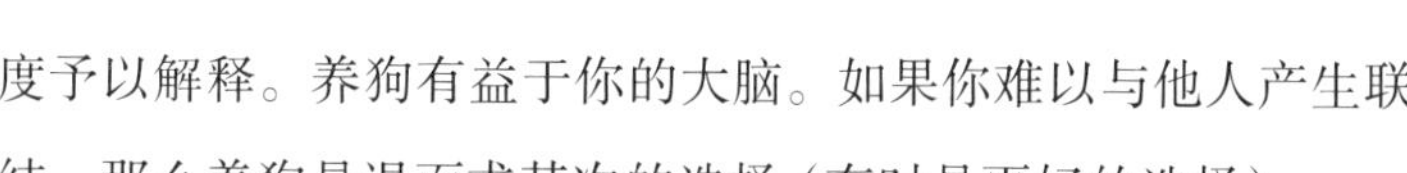

度予以解释。养狗有益于你的大脑。如果你难以与他人产生联结，那么养狗是退而求其次的选择（有时是更好的选择）。

养狗有许多好处，小到改变你的习惯，大到增加你积极社交的可能性。如果你正待在家里，但狗想出去走走，你就更容易找到走出家门的动机，因为狗在嗷嗷叫。你们散步时，因为狗的存在，人们更有可能对你投来微笑，或是上前搭讪。

狗甚至能以多种方式调节你的催产素系统。首先，只是逗弄你的狗，你就会释放催产素，因为它的皮毛柔软而温暖。其次，当你的狗信任你时，只要你和它进行眼神交流，你就会在体内释放催产素。研究表明，仅仅靠近狗，也可以减少社会排斥的消极情绪（Aydin et al.，2012）。猫是一种更复杂的动物，但是如果你是一位爱猫人士，养猫也有很多相同的好处。

下面列出了更多与动物互动的方法。勾选出你乐于尝试的，并添加你能想到的其他方法：

- ☐ 养只狗或猫
- ☐ 帮朋友照看猫狗
- ☐ 逗弄朋友的猫狗
- ☐ 经主人同意后逗弄你在街上遇到的狗
- ☐ 到宠物收容所，去和动物们玩儿
- ☐ 去骑马

□ ____________________

□ ____________________

然后将这些活动加入你的活动日程表，并去执行。

◎ 总结

你的大脑经进化，变得需要与他人联结，利用这一神经环路是建立正向循环最有力的方式之一。它并不总是一蹴而就，在正确的方向上保持小步前进或许才是常态。

当你无法与你关心的和关心你的人待在一起时，即使你们无法交谈，你依然有可能感到和他们亲近。在你的大脑中，有你亲近的每个人的神经表征。即使是一个不再与你在一起的人，也仍然非常真实地存在于大脑的神经通路和突触连接中。你可以与他们交谈，也会知道他们将有何反应。你和他们越亲近，你对他们的了解就越多，对他们的表征就越准确。因此，即使在你独处时，你生活中的人们也会在你的大脑中。

如果你依然觉得自己与生活中的重要人物没有很强的联结感，或者你担心生活中没有足够多的重要人物，那也没关系，还有更多的解决办法。后续章节将重点讨论与他人建立社交关系的替代策略，例如正念（见第 8 章）、感激（见第 10 章）和自我关怀（见第 10 章）。

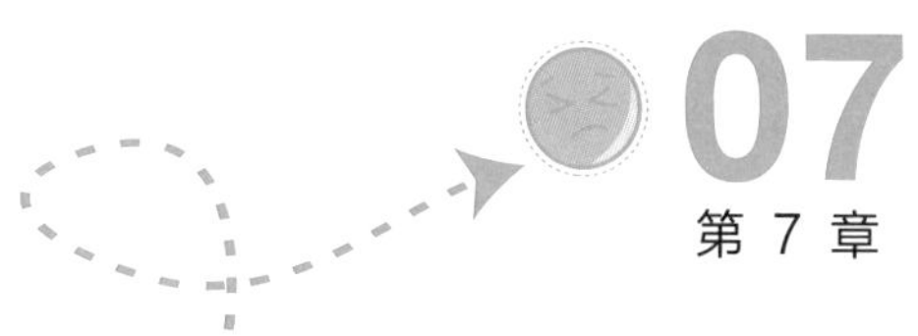

07
第 7 章

建立目标与决策的正向循环练习

陷入僵局，迷失，扑腾着挣扎，精神麻痹，漫无目的。当你在朝着重要目标努力的过程中没有取得任何明显的进展时，就会出现这些常见的抑郁状态。这既是抑郁的原因，也是结果。

做决策和追求目标都涉及脑干、前额叶皮层和纹状体中多巴胺与血清素的相互作用（Rogers，2011）。情绪低落时，我们很难制定目标并付诸行动，因为大脑既优柔寡断，又对奖赏反应迟钝。然而，我们仍然可以利用此环路来产生正向循环。

通过让前额叶皮层对背侧纹状体施加影响，决策和目标可以帮助你摆脱无益习惯。通过自上而下的影响，它们改变了大脑处理和过滤信息的方式，帮助边缘系统忽略无关紧要的细节，并专注于重要的事情。同样地，目标和决策可以增强伏隔核的奖赏活动，使人们更容易兴奋和感到满足。

可能有许多事情对你来说都非常重要，你试图面面俱到，这使得决策过程变得很复杂。本章将帮助你确定什么对你来说是最重要的，从而简化做决策的过程，并充分利用做决策的力量。

◎ 做决策

决策取决于许多因素。它们或许来自你对可能选项的仔细考虑（取决于你的前额叶皮层），也可能来自直觉（取决于你的边缘系统和脑岛）。这些通路相互关联，并且相互影响。你既不能以完全理性的方式做出决策，因为你对决策的感觉很重要，也不能凭直觉做出所有决策，尤其是当你感到有压力或抑郁时，因为你怎么决策都会觉得是错的。做决策涉及的这些区域必须保持平衡。那么如何才能帮助它们平衡呢？

调低情绪反应

情绪性的边缘系统和应激反应主要由三大因素调控：可

控性、确定性和后果。你对某个情境的控制越少，边缘系统反应就越强，因此你的情绪就越强烈。同样地，更多的不确定性和更大的后果也增强了边缘系统反应。那么，当你想要做决策时，该如何对此加以利用？

第一步，专注于你能控制的。你无法控制他人，也无法控制过去，基本上你唯一能控制的就是你在当下的行动。你甚至无法控制一个境况的全局，而只能控制此时此刻。如果你很难接受这一点，那么你并不孤单，这是最难接受的真理之一。关于这个话题的更多详情请见第 8 章。

第二步，专注于你确定的。你在生活中的稳定特征是什么样的？有什么是不会因为这项决策而改变的？

第三步，专注于减少你察觉到的后果带来的干扰。根据实际情况做决策。实际后果会是什么？你是否在使用任何无益的思维模式？通常，你对自己的批判情绪会增加你对负面后果的察觉。进行更多的自我关怀会简化做决策的过程，因为决策最大的负面后果通常是你自己严厉的自我批评（见第 10 章）。

利用正向循环

减少压力和改善情绪能够简化做决策的过程。实现这个目标最好的方法是什么？利用正向循环。这本书你已经读了大半，对此也很了解了。

做几个深呼吸来降低你的应激反应。给朋友打电话聊聊天，你可以向对方询问建议，或者就只是为了重新联络。去跑跑步。先休息，回头再说，早上醒来一切都会好起来。继续阅读这本书，学习如何将正念或感激策略应用于做决策的过程。

你最喜欢的减压方法是什么？

____

____

____

____

厘清一些观点也会有所帮助。思考什么对你是最重要的（或阐明你的价值观）有助于减少困难情况下的应激反应（Creswell et al.，2005）。

思考什么是重要的

在你生活的不同方面，什么对你是重要的？你想成为什么样的人？例如，在家庭生活中，你最看重什么？成为好父母或充满爱的配偶，还是其他？在工作和事业中，把什么摆在首位，是力争上游还是与同事和睦相处？就生命中每个你重视的方面，分别写下对你来说最重要的是什么。

生命的组成部分	对你最重要的
家庭	
朋友和社团	
恋爱关系	

（续）

生命的组成部分	对你最重要的
工作或事业	
教育，个人成长和发展	
休闲娱乐	
精神或宗教	
医疗卫生和身体健康	

现在花点儿时间思考一下生活中这些部分之间的相对重要性。哪一个（些）比其他更突出？你不太在乎哪些？圈出对你最重要的一两个部分。专注于你的价值观，并记住最重要的是什么，这将有助于你设立目标和做决策。

幸福并非有用的目标

以幸福为目标会感到无意义，反而会对自己产生消极影响。除此之外，幸福太抽象了，无法成为有用的目标。幸福不是你要去的地方，而是你的行动、目标和价值观共同作用的结果。

想想看，为什么你要追求幸福？你的抑郁症会阻碍哪些重要的人或事？当情绪低落时，你能如何专注于对自己重要的事情？

弄清楚什么对你重要或阐明你的价值观可以为你指明方向，但有时，你的价值观可能过于抽象，而无法付诸实施。目标有助于使价值观更加具体可行，从而促进多巴胺的释放。价值观就像是要开车环游全国，并且有一些模糊概念，例如你要向西行。目标意味着将其变成特定且可实现的事情，这样你就可以遵循路线采取行动。最初的目标可能是前往丹佛[一]，这意味着可行的第一步是驶入 70 号州际公路。

比如说，成为一个好父亲于我而言很重要，这是一种价值观。与此相符的目标可能是更多地关注我的孩子，通过制订和孩子在一起时不查看电子邮件这样的计划来将目标付诸实施。价值观提供了方向，但创建与这些价值观一致的目标，并将其分解为可操作的步骤，将有助于你取得有意义的收获。

明确你的价值观和目标

查看前一个列表，思考一下在人生中这一刻对你来说最重要的两三件事。这些东西代表什么价值观？

____

____

____

____

你能指出有助于你朝着价值观方向前进的特定目标吗？

____

____

____

____

[一] 美国西部城市。——译者注

在你抑郁之前，哪些目标对你是重要的？现在这些目标对你依然重要吗？如果是，你还能为之努力吗？你如何采取具体的步骤？

____

____

____

____

你现在可以采取哪些行动来实现你的目标？

____

____

____

____

由爱决定，而非恐惧

在做每一个决策时，我们都有机会以“我们想要或不想要什么”（即我们喜爱或恐惧什么）为指导。尽管恐惧令人不快，但它却是一盏聚光灯，能帮助你识别对你重要之物。你说出的每一件自己害怕的事，其背后都藏着对你来说重要的事情。例如，“我害怕与我亲近的人会离开我”可以改写为一种积极的表达“与亲近的人相处对我很重要”。这两种说法都能促成你下一步的决定，但通常不会是相同的决定。

例如，如果我害怕别人离开我，我可能会（不一定是有意识的）决定避免亲密关系，以此设法保护自己。出于恐惧而做出的决定，实际上会降低我获得亲密关系的可能性，而亲密关系对我是重要的。

决定向重要目标进发是令人恐惧的，因为总是有失败的可能。然而，专注于成功的喜悦，而不是害怕失败，可以帮助你避免陷入困境。你只需要说服自己，你的目标比你的恐惧更重要。

恐惧 vs. 价值观

你不希望发生（有时害怕发生）的事情总是会涌入脑海，请把它们写在左边一列。然后将这些恐惧或担心逐一重构为你希望发生的事情。（将“如果我做 X，就会错过 Y”更改为“如果我做 X，会得到随之而来的所有美好”。）

我不希望发生的事	对我重要的事
例子：我不想丢掉我的工作	我想要保住我的工作。我喜欢我的工作，它对我很重要

由价值决定，而非成本

假设我要买辆车。我可能在看了标签价格后惊呼："哇，买辆车太费钱了。"然而这意味着我不应该买车吗？我们得从两方面来算这笔账：成本和收益。你越关注成本，就越难获得任何有价值的东西。

获得任何有价值的东西总要付出一定成本，金钱成本、时间成本、付出努力的成本、风险成本。但如果你总是基于成本来评判事物，那么就很难得到你想要的，因为成本几乎总是很高。

在抑郁状态中，你会觉得所有事物的成本都很高，每件事都很难，而且需要花费大量精力。如果你觉得很难做出一个令自己满意的决定，就把所有的好处写下来。关注价值，而非成本。

你可能经历过一个艰难的抉择，你明明知道自己的偏好，但难以执行到底。列出做出这个决定的好处，并充分体会。

这些好处对你重要吗？如果重要，还有别的方法获得这些好处吗？如果没有别的方法，那么即便前路艰难，却也清晰在眼前。

不要试图做出“最佳”决定

法国作家伏尔泰（Voltaire）曾写道“完美是优秀的敌人”。如果你总是以做出最佳或完美的决定为目标，那么就很容易陷入僵局。

这似乎有悖于直觉，但是当你陷入僵局时，切勿试图做出最佳决策。做出一个好决定就可以了。换句话说，不要设法成为最幸福的人，快乐就行。

总是试图做出最佳决策的人被称为最大化者（maximizer），他们往往患有更高程度的抑郁。最大化与积极情绪的相关性随时间而下降，与消极情绪的相关性则增强（Bruine de Bruin，Parker，& Strough，2016）。最大化和抑郁症之间的关系受寻求最佳决策（即使不可能）的倾向性驱动，这种倾向性也表现为，即使找到了好办法，还是要不断寻找替代方案。

值得注意的是，这和高标准是两回事。拥有追求卓越的高标准没问题，这不会增加抑郁情绪。接受“优秀足矣”不意味着要降低你的标准，它仅仅意味着“优秀足矣”就足够好了。

如果你可以简单轻松地考虑自己的决定并确定最佳选择，

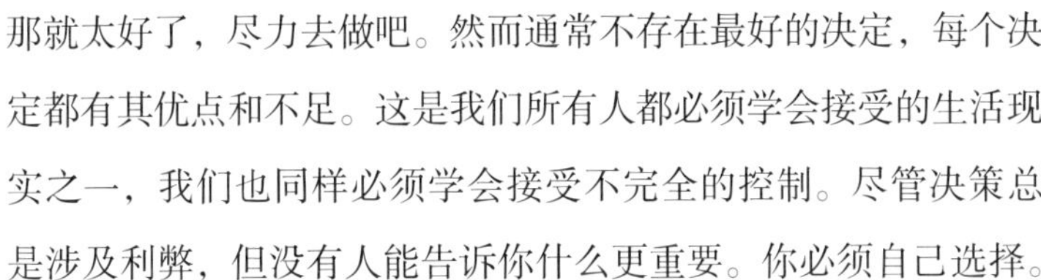

那就太好了，尽力去做吧。然而通常不存在最好的决定，每个决定都有其优点和不足。这是我们所有人都必须学会接受的生活现实之一，我们也同样必须学会接受不完全的控制。尽管决策总是涉及利弊，但没有人能告诉你什么更重要。你必须自己选择。

当决策非常困难时，就意味着有许多事对你来说都很重要。如果只有一件事重要，那么做决策就会非常容易。你无法得到你想要的所有，但至少你能朝着最重要的方向发展。

你面前这个决策最重要的特征是什么？足够好的结果是什么样的？

____

____

____

____

____

◎ 决策策略

抑郁症患者倾向于使用更少的适应性决策策略，而更多使用适应不良的策略（Alexander，Oliver，Burdine，Tang，& Dunlop，2017）。简单说，适应性决策意味着你清楚决策的对象是什么，并且知道有哪些选择。适应不良的策略主要有三种：过度警觉、推卸责任和拖延。

适应不良的策略

以下是三种主要的适应不良的策略的例子。核对你身上存在的适应不良策略，将你注意到的信息补充在第三列中。

决策策略	例子	你使用的策略
过度警觉	我非常担心事情会出什么差错，所以我在匆忙中做出冲动的决定，这往往和我原先的决定相矛盾	
推卸责任	我更愿意让别人替我做决定，那样就不会是我的错了	
拖延	我常常拖到最后一分钟或者直到太迟了，才做决定	

因自己使用适应不良的策略而生气是无济于事的，开始多多使用适应性策略吧！专注于改善决策的疗法已被证明可有效缓解抑郁症（Barth et al.，2013）。以下是使用适应性策略做决策的诀窍（Leykin，Roberts，& DeRubeis，2011）。

适应性策略

第 1 步，头脑风暴。想一个你不得不去做的决策。在表格的第一列中，列出现实生活中所有可能的备选项。此刻，不用担心这些是不是好的选项，只是列出所有可能性。

现实选项	排序

第 2 步，对这些选项进行排序。将你最喜欢的选项标为 1，依此类推（2，3，4 等），直到你最不喜欢的。你对最喜欢的选项满意吗？如果满意，那太棒了！你完成了。如果不满意，接着做第 3 步。

第 3 步，筛选。找出你标 1 和 2 的选项。把它们分别写在相应的空白处。然后，比较这两个选项，分别列出它们的利弊。

选项 1		选项 2	
利	弊	利	弊

第 4 步， 做决策或重新思考。就你考查的这两个选项而言，你是否会改变对它们的排名？不管你决定选哪一个，祝贺你，你已经做出了你的选择！

关注行动，而非感受

我们拥有惊人的前额叶皮层，它能看到未来以及可能出错的每件事。当它帮助我们避免负面结果时，这可能是一种祝福。然而，如果你陷入担忧和优柔寡断中，那也可能是一个诅咒。

尽管担忧确实有助于暂时减轻焦虑，但这并不是一个长效的解决方案，因为担忧关注的是想法和感觉，而不是行动。如果不采取任何行动，你就会陷入僵局。你不必等到停止担忧后才前进，你只需采取一些具体行动来应对你的担忧。担忧会激活前额叶皮层更多自我关注的方面，而计划则会激活前额叶皮层与大脑行动中心（即纹状体）联结更紧密的部分。

此外，在决策方面，大多数人会一直思考问题，直到对决策感到满意为止。然而这通常门槛太高了，特别是在你抑郁的时候。当你抑郁时，不管思考多久，都不会神奇地令你感觉很好。

这就是为什么决策最重要的组成部分是行动。如果你被困在某个地方，不知何去何从，你就必须开始朝某个方向移动。当然，坐在那里并掌握方位可能有助于你辨别正确的前进方向，但如果行不通，那你就是在浪费时间。有什么解决方案？

选择一个方向并开始移动。

你的行动具有改变未来的能力。你现在能做些什么可以对决策产生积极影响，或者至少让你更接近做出决策的事？

应对担忧的另一种方法是针对潜在的未来情况制订具体计划：如果–那么计划。如果发生 X，那么我将执行 Y。这就像教练为球队制订比赛计划，或者军队将领做战斗准备。你不会总能知道未来将怎样，但是如果你制订了应对不同情况的计划，那么你就会准备得更充分。

为担忧做计划

你担忧什么？如果它们发生了，你能做什么？在左边一栏中列出你的担忧，然后写下如果这些事将要发生，你能采取的一些行动。

担忧	行动计划

一次只专注于一件事

有时，一个目标会妨碍另一个目标。如果两个目标都重要，它们可能将你向不同方向拉扯，使你陷入僵局。没关系，大多数人都有许多对他们而言重要的事。然而不要同时分心做两件事，全心全意做好一件事之后，再全身心投入到另一件。

有时，我们会有一个很好的理由来挑选两个目标中的一个，而其他时候没有这样的理由。你必须做出选择。有时，最艰难的决定是那些并没有那么重要的决定。

研究显示，同时处理多任务实际上有碍效率。尝试同时执行多项操作，或在任务之间频繁地来回切换，实际上会使你的工作效率降低，对所做的工作也不太满意（Etkin & Mogilner, 2016）。选择一个要完成的目标或任务，为之全力以赴，然后再执行下一个任务。

完成小任务

写下你一直拖延的一系列任务，前后顺序无所谓，然后从第一个任务开始。

保持专注，给自己一个时间限制，并设置一个计时器。可以将其视为一场比赛，一场与时间的赛跑。当你完成任务时，即使你超时了，也给自己打一个钩，这会促进多巴胺分泌。如果有时间，请继续执行下一个任务。如果现在没时间，请在稍后有时间时，再回到这个列表任务，完成更多工作。

小任务	时限	已完成

◎ 设定目标

通常，我们的行动取决于我们当时的感觉。如果你想吃东西，你就会吃。如果你想工作，你就会工作。然而如果你情绪抑郁，就产生问题了，因为你通常什么也不想做，至少是觉得做任何事都没用。

这时设定目标就会很有用了。目标实际上能改变你的感觉，但是目标必须是清晰和具体的，而且你必须采取行动。

目标可以帮助大脑组织信息，使前额叶皮层发出更清晰的指令并增强动机。目标还可以告诉伏隔核，当你完成某件事时它该如何反应，从而使朝着目标前进并实现目标变得更加令人愉悦和有益。

标记你的日程

开始做事的最好方法之一是将其写在日历上，这会改变你的默认反应。如果你想和某人一起出去玩，那么不要来来回回考虑时间，设置一个时间，确定了就写在日历上。这么做能让计划落地。你可以使用第 2 章中的活动计划日历或你自己的日历。

遵循类似的思路，制定待办事项清单有助于激励你。当你不得不去制定的目标可能含糊不清时，制作待办事项清单可以抵消这个趋势。最好将一些你最近已经完成的事情也放到上面，例如“做一份待办事项清单”！

待办事项清单上的任务应该是具体的、可实现的。具体指的是在将来的某个时候，你可以检查任务是否已经完成。可实现意味着你有信心在短时间内取得有意义的进步。如果某个项目看起来不具体，那就更精确地定义它。如果它似乎无法完成，那就把它分解为更容易完成的较小步骤。

分解目标

从设定你有把握实现的小目标开始。完成一项任务，即使是微不足道的任务，也能刺激伏隔核释放多巴胺。因此，实现一个小目标将带给你进步感和完成感。为了使大目标更易于管理，将其视为一系列小目标会很有帮助。

达成你的目标

想一个你希望在接下来的一周或一个月去完成的宏伟的大目标，然后采用这些步骤将其分解为较小的目标，以便你能实现。

这个目标的名字：________________

现在将这个目标分解成一系列小目标或任务，你需要去一一完成，以实现大目标。

任务 1：________________

任务 2：________________

任务 3：________________

任务 4：________________

任务 5：________________

这些小目标是可实现的吗？它们中还有需要再分解的吗？

任务 1 的步骤：

任务 2 的步骤：

任务 3 的步骤：

任务 4 的步骤：

任务 5 的步骤：________________

____

____

在接下来的一个小时内，你可以采取哪些步骤来开始努力实现下一周或下个月的目标？（注意：出于某种原因，我在这里只给出两行。请勿试图立即完成所有事。）

1. ________________

2. ________________

将此练习用作完成目标的任务清单。每向着目标完成 1 步，就给自己画 1 颗星星（或至少做个标记）。

专注于努力

当你开始追求目标，尤其是更大的目标时，专注于努力比专注于完成目标更有益。结果并不总是在你的完全控制之下，并且可能充满压力或令人沮丧。然而你的努力在你的控制之下，一旦有了朝向目标前进的动力，你就可以专注于完成工作，而后进一步激活多巴胺释放。

专注于努力的最有效方法之一是番茄时间管理法。它是由一个名叫弗朗西斯科·西里洛（Francesco Cirillo）的意大利人发明的，他有一个形状像番茄的闹钟，因此以意大利语中的番茄一词来命名该技术。下面的练习使用了他的技巧。

E 代表努力（effort）

想一个你愿意去完成的大目标（也可以是前面一个练习中你概述的目标）。思考为实现该目标需要采取的清晰步骤，并承诺照做。将计时器设置为 25 分钟，然后开始工作。25 分钟不长不短，足够用来获得有意义的进展，也可以使所有的借口都来不及成立。你不必去查收邮件，邮件们可以等。你也不需要吃东西，不会饿死的。

你的进度如何无关紧要，成功与否就看这 25 分钟。计时器关闭后，请拍拍自己的后背，并在纸上清晰可见地打钩。你做到了！休息 5 分钟，放松身心，尽情享受。连续 3 ～ 4 次，然后休息一会儿（30 ～ 60 分钟）。这听起来像是一种愚蠢的技巧，但我就是靠它完成了这本书大部分的写作。

订张票

想象你可以在世界上的任何地方旅行。你可以去巴黎、东京、马丘比丘，或坐在一个热带岛屿的海滩上喝迈泰[一]。这种可能性是令人激动或难以抗拒的。然而无论如何，在你选择一个地方之前，你都不能对细节感到兴奋。

你应该开始重拾法语还是日语？你应该买新的雨衣还是太阳镜？在做出具体的计划部署之前，你无法做出任何选择，或对其中任何一种选择兴奋不已。

[一] 来自加勒比海的一种鸡尾酒饮料。——译者注

为了感到兴奋，你必须针对特定目标采取行动。你可以把它视为破釜沉舟，这是心理学家泰勒·本–沙哈尔（Tal Ben-Shahar）普及的概念：一旦所有东西都被扔掉，你将别无选择，只能亲自上阵。你将致力于寻找出路，而大脑的反应方式与你在评估阶段时的截然不同。当你朝着某个目标迈进时，伏隔核会释放多巴胺，继续激励你。然而你必须迈出第一步。行动胜于雄辩，尤其是对自己而言。

你如何真正做出自己的决定？订一张票。把它写进你的日程表。把它放在你的待办事项清单上。在你的个人空间中（卧室或办公室）设置提醒。买一本关于它的书。告诉朋友你的计划，报班，请别人与你一起做。或其他任何办法，使它能落在实处，而不再仅仅是一个你可以忽略的想法！

避免用“本该”“不得不”和“应该”

从事物中汲取乐趣的最快方法是什么？强制执行。每当你发现自己认为你本该做某件事、不得不做某件事或应该做某件事，并且发现这个想法令你失去动力时，请尝试换个说法。

重构“应该”想法

将你自己的“应该”想法或者包括“不得不”“本该”等字眼的想法，填入左边一列。然后在右边一列中，用准确的描述对它们进行重构。

“应该”想法	用准确描述进行重构
示例：我应该对锻炼更有动力	我想对锻炼感到更有动力
示例：我不得不改善我的睡眠卫生，否则我就没有精力了	我想改善我的睡眠卫生，因为我想更有精力

一旦你不再考虑你本该做什么，就会更容易做到你想要做的，并且它们往往是同一件事。

◎ 做最好的自己

在构想未来时考虑可能的最佳结果，有时候会比在重压之下做决定时考虑可能的最佳结果更有益。描写最好的自己已被证实有助于治疗创伤、改善情绪并减轻抑郁症状（Loveday，Lovell，& Jones，2016）。即使这个练习很简短，但其中一些影响也可能持续数月。

这个练习之所以有效，是因为它利用了前额叶皮层去想象每件事如何向好发展（Luo，Chen，Qi，You，& Huang，2018）。

尽管这对一些人而言会比其他人更难，但这也让实践变得更加重要。

想象最好的自己

想想你6个月后的生活。想象一下，一切都已经按计划顺利进行。你已经努力工作并成功实现了目标。想想那种感觉，以及你走到那一步都做了什么。现在，计时10分钟，写下你的想象。

◎ 总结

如果设定目标让你感到不舒服怎么办？感到不舒服是当然的。顺着纹状体做感觉舒适的事，恰恰是使你陷于困境的原因。幸运的是，即使纹状体大声疾呼，你也不用总是听它的。你可以做出新的选择。

考虑一下什么对你来说重要，设定一个大目标来激励自己。太力不从心了吗？那就先设定一个超小的目标。

别想着一下子做到所有事。一次就迈一小步。做一个决策，设定一个具体目标，并朝这个目标采取行动。伟业便是这样成就的。你也是这样来使用这本书的，瞧，你已经读了三分之二了！你的正向循环也将继续这样发生。

第 8 章 建立正念与接纳的正向循环练习

在我最喜欢的一部有关龙族故事的电视剧中，龙母丹妮莉丝·坦格利安（Daenerys Targaryen）想要开战，但被告知这样做可能会使事情变得更糟。她感到非常焦虑，想做些事情来解决这种情况。她问她的顾问："你要我做什么？"

顾问答道："什么也不做。有时什么都不做反而是最难的。"

这本书的大部分内容是关于你可以做的有助于自己感觉更好的事情。然而真实生活中的难点在于，有时候你什么也做不了。事实上，一直试图解决情绪问题只会让你感到更糟。你无法

解决自己的情绪，因为你的情绪没有问题。一直试图平复自己的情绪，而不是学习接受自己的情绪，这本身就是问题的一部分。

学会接纳负面情绪是对抗抑郁症消极面的有力方法，因为它可以让你有意识地采取行动，而不是完全被当下的情绪所引导。这并不是说接纳的是“事情就应该如此发展”，而是“这是事情发展的方式”。

接纳当下有助于促进正念，反过来，正念也可以促进接纳。正念是一个引导你将注意力集中到特定事物上的过程，而不会让你因注意力涣散而疲劳。这个过程的一部分就是使你意识到你已经走神，并把注意力轻柔地引导回来。这一过程调整了前额叶皮层和边缘系统之间的联结，有助于防止恶性循环。

本章的内容并非关于我们可以做些什么来解决情绪问题，而是引导你的注意力，教你学习接纳当下。这有时是最难做到的，但往往也是最强有力的。

◎ 接纳

一位瑜伽老师曾说过的一句话令我记忆犹新：“界限分明，自由无限。”一旦你接纳了自己做不到的、控制不了的，你就能自由地将注意力集中在你能做的事情上了。一旦你接纳了自己的局限，那么它们就不再成为限制。

重要的是，接纳和顺从不是一回事。顺从是这样一种判断——你不喜欢事物的现状或走向，但也已经放弃尝试去改变它们了。相比之下，接纳是对你的现状不加评判地承认。

激昂愤怒地朗读出下面这句话："我不喜欢现在的处境，我觉得自己永远也无法摆脱！"再试试用顺从的语气或者带着其他消极情绪去朗读。现在，不带任何情绪地去朗读这句话，仿佛你只是在陈述一个事实："我不喜欢现在的处境，对此我无能为力。"这就是接纳。

接纳与大脑

前额叶皮层的主要功能之一是试图控制压力情境。当你确信自己可以控制压力事件时，你的大脑就会释放去甲肾上腺素，以帮助做出反应。然而如果是你控制不了的事呢？

在某项关于不可控压力的研究中，被试对生活的控制感越少，其前额叶皮层的认知控制部分越活跃（Wiech et al., 2006）。缺乏接纳意味着你还会继续试图控制你无法控制的事，比如消极情绪。

一旦你不去控制压力源，前额叶皮层中做计划的功能区就能摆脱这个压力源，使你不再陷入这场毫无胜算的战争中。你并非退缩，而是重整旗鼓，这对减少压力确实很有帮助。实际上，接纳度高的人也有更高的心率变异性，相应的战斗－逃跑的应激反应更低（见第 4 章）（Visited et al., 2017）。接纳消极情绪也会提高前额叶皮层情绪区域的反应，从而有助于调控边缘系统的情绪功能（Salomons，Johnstone，Backonja，Shackman，& Davidson，2007）。放下控制消极事件的渴望，这听起来可能不是最好的计划，但根据情况的不同，放下可能会非常有利。

当涉及无法控制的事物时，放弃试图控制的想法并不是放弃，而是接纳。因为无论你是否接纳，它仍然存在。接纳只是让你不再反复碰壁。

但请记住，接纳某些实际上可控的东西也并非好事。如果你遇到麻烦的关系或不喜欢的工作，接纳并不总是最好的方法。最好的解决方案通常是解决问题：处理好人际关系或者分道扬镳，在工作中为改善工作条件提出改进要求或找一份新工作，等等。

在尝试解决问题的过程中暴露问题，是你解决问题的唯一方法，因为有时你会陷在无法解决的问题之中，比如消极情绪。它们不是可控的。那你怎么办？你需要学习接纳它们，正念可以帮忙。

◎ 正念是什么

许多人把正念和冥想混为一谈，而正念和冥想其实是不一样的。冥想是练习正念的一种方法，但也有许多其他的练习方法。正念无关你在做什么，而是关于你在怎么做。它是将你的注意力锚定于当下的一个过程，包括你的身体、心理和情绪体验。

想象你正拿着一杯水并转动它。如果你突然停下来，水仍会在杯中旋转。为了让水停止打转，你应该把水杯朝反方向转动吗？不，实际上，如果你这么做了，很可能增加麻烦。最好的做法就是放下水杯，不再尝试解决问题。你采取的行动越少，水将越快静止下来。同样的道理对在你脑中盘旋的想法和感受也适用，放下它们往往是最佳解决之道。为何这么做如此重要？

◎ 正念带给大脑和身体的好处

练习正念已被证实能降低焦虑、压力和抑郁，提高幸福感，甚至能增强清晰的思维（Goldberg et al.，2017；Fledderus，Bohlmeijer，Pieterse，& Schreurs，2012）。正念之所以能带来如此广泛的益处，是因为它影响着很多不同的神经环路。

正念影响到的主要区域包括前额叶皮层、前扣带回皮层和脑岛（Tang，Hölzel，& Posner，2015；Young et al.，2018），纹状体也受其影响。一周的正念练习即可增强前额叶皮层的情绪和认知部分，以及前扣带回和脑岛的活动（Zeidan，

Martucci，Kraft，McHaffie，& Coghill，2014），这意味着正念加强了情绪调控、冲动控制以及对当下的意识，甚至可能产生更快速的效果。例如，练习正念后数小时即可看到前扣带回神经通路中的某些变化（Posner，Tang，& Lynch，2014）。这些变化反映了特定神经通路的加强，是神经可塑性的一个实例。

正念的好处有以下几点。

√ **降低情绪反应**。仅仅是意识到自己的情绪，就可以令前额叶皮层使杏仁核的自动反应平静下来（Lieberman et al.，2007）。随着练习的进行，前额叶皮层会更好地舒缓杏仁核，从而降低压倒性情绪反应的强度（Gotink，Meijboom，Vernooij，Smits，& Hunink，2016）。

√ **强化奖赏回路**。大脑有在兴奋与失望之间摇摆的倾向，而失望会导致产生愉悦感的伏隔核的活动下降（Kirk & Montague，2015）。这些剧烈的波动可能会引发恶性循环，但正念训练有助于那些剧烈波动变得平稳。

√ **提升情绪**。正念训练可以改善情绪和抑郁症状（Goldberg et al.，2017；Winnebeck，Fissler，Gärtner，Chadwick，& Barnhofer，2017）。对几项研究进行的大型分析发现，正念干预与其他治疗抑郁症的方法具有同等效果（Strauss，Cavanagh，Oliver，& Pettman，2014）。

√ **减轻压力**。正念对心率、血压、情绪和焦虑具有可量化的作用（Zeidan，Johnson，Gordon，& Goolkasian，2010），这表明了心智和注意力是如何影响你的身体的。当你意识到你正试图压抑的感觉时，你有时可能会感到压力，但承认和接纳这些感觉，你就能降低压力情境下皮质醇的水平（Lindsay，Young，Smyth，Brown，& Creswell，2018）。

√ **改变坏习惯**。正念已被证实有助于改变坏习惯，如吸烟和其他成瘾行为（Goldberg et al.，2017）。坏习惯几乎是不由自主的，在行动激励下即刻自动地进行。正念有助于营造出空间，让更多有意识的行动来替代坏习惯。

√ **改善思维的清晰度**。正念训练会改善在困难测验中的思维清晰度甚至心理表现（Mrazek，Franklin，Phillips，Baird，& Schooler，2013）。重要的是，这种效果对一开始最易分心的人最强。

√ **防止复发**。正念训练已被证实可大大减少抑郁复发的机会（Kuyken et al.，2016）。在抑郁症最严重的人身上，这种作用表现最强。因此，如果你正在对抗抑郁症，正念可以帮助你避免病情倒退。

正念的这些好处中哪个（些）对你最重要？为什么？

____

____

____

____

____

◎ 正念不是什么

很多方法会让你的正念练习跑偏，其中许多问题是由于对正念的误解引起的。阅读以下有关正念不是什么的陈述，回答后面的问题，勾选“是”或“否”。

√ 正念并不能清除你所有的想法和感觉。你无法控制自己自动产生的想法和感觉，也不应试图这么做。正念可能会使你的想法不再吵吵嚷嚷，但是你不能强迫这种情况发生。你只需要允许它发生即可。

你是否试图强行清空头脑？　　　是□　　否□

√ 正念不是放松。正念通常是放松的，但这并非目标。放松对抑郁症也是有益的，但它是以和正念截然不同的方式使你受益。

你是否努力去放松？　　　　　　　是□　　否□

√ 正念不是要压抑你的感觉。它是让你对感觉到的事物有意识，而不是试图改变或忽略它们。

你是否努力压抑不愉快的感觉？　是□　　否□

√ 正念不是积极思考。专注于现实的积极面对情绪和压力很有好处，第 10 章会谈到，但是这些和正念截然不同。

你是否努力专注于现实的积极面？　是□　　否□

√ 正念不是沉湎或耿耿于怀。正念是令你自己沉浸在当下，而沉湎和耿耿于怀是专注于过去的错误以及它们如何在未来持续纠缠你。正念是留意大脑的评判性想法，但不被它们带跑。

你是否沉湎或耿耿于怀？　　　　　是□　　否□

如果你在上述问题的回答中有“是”，你是否觉得失败？　　　　　　　　　　　　　是□　　否□

如果你对上述任何一个问题（包括最后一个问题）回答“是”，那也并不意味着你是个失败者，你只需要去意识到自己的所感或所想，正念就是让你以这种方式继续下去。如果你要下判断，就承认你的评判。认识到当下你的想法和感觉，会自

动将你的注意力转移到当下。

◎ 正念的关键

活在当下意味着要将注意力集中在此时此刻。换句话说，关注当前正在发生的事情，不关注当前未发生的事情。

保持活在当下需要花费大量的精力，因为我们经常陷入对过去的耿耿于怀，或者将自己投射到灾难性的未来。然而通过练习，我们可以变得更好。

当我们真正开始感觉到自己的情绪时，脑岛的活动增强，表现为对当下意识的增强（Young et al.，2018）。当我们不那么执着于未来可能会或不会发生什么时，我们就可以自由地充分体验当下。

对某事予以特别关注的障碍之一是，我们常常会因想法或情绪而分心。没关系，你不必去避免分心，但是一旦你意识到自己的注意力已经飘走，你就要用正念将注意力引回到想要关注的地方。

减少情绪分散性的一种策略就是直接识别情绪。识别情绪会自动将你的注意力转移到当下，因为这是你现在所感受到的。此外，这种微小的自我意识行为使前额叶皮层平复了杏仁核的自动反应（Lieberman et al.，2007），这可以降低情绪的强度。

暂停阅读，问问自己，你现在感觉到什么情绪？把它们写下来。

____

____

____

____

随着把注意力带到情绪上，你可能已经留意到了你对自己情绪体验的自动评判，并且试图去处理它。这在练习正念的过程中总会发生。还是那句话，这些自动评判实际上没有错，你不需要去制止自己的评判性想法，事实上你也做不到，那是边缘系统在起作用。有了正念，你要做的只是意识到你的评判性想法。一旦你意识到并接纳了它们，要么你继续随着自己的心愿对它们保持注意，要么轻柔地将注意力带回到被这个想法打断之前你所关注的地方。

◎ 将正念应用于实践

正念可能很难做到，因为我们已经习惯了不进行思考的盲目行为。实际上，如果要在静坐思考和做电击之间进行选择，大部分人甚至会选电击（Wilson et al.，2014）。

你可以对你做的任何事保持正念，甚至在你什么也不做

时。这是一种存在形式，而非行动方式。它也是可以训练的，就像踢足球或弹钢琴一样。不求完美，但通过努力，你能做得更好。下面是一些训练正念的方法。

第一个练习改编自美国宇航局一位心理学家的咨询工作（Joiner，2017）。

描绘你的情绪

在接下来的5分钟里，留意你的情绪，并在一张消极情绪表中描绘出来。左侧是1～10的等级，10代表感觉糟糕，1代表感觉良好。当开始计时时，就在适合的等级处做上X的标记。时间设定为5分钟。每过30秒，在符合那个时刻的情绪的等级上再做一个X标记，以此类推，直到时间用完。把所有的X连起来，观察你的情绪变化历程。做这个练习不是为了改变情绪，而仅仅是观察它。

消极情绪表（1～10级）

（续）

6											
5											
4											
3											
2											
1											
时间	0:00	0:30	1:00	1:30	2:00	2:30	3:00	3:30	4:00	4:30	5:00

你的情绪有所改善吗？如果是，认识到你在感觉差时，什么都不需要做，只需要让你的情绪自己变化。

你的情绪保持不变吗？至少它没有变得更糟。

你的情绪变化很大吗？如果是，重要的是要认识到情绪、感受、情感和想法都是短暂的。

你不需要为情绪做什么，你可以只是等着它们出现。

你的情绪更差了吗？如果是，你是陷入了对过往的耿耿于怀还是对自己的情绪感到焦虑？接下来的几项练习将帮助你

练习感受此刻面对的处境和体内的感觉，并留意你的评判性感觉。如果你发现本书中的其他干预措施更有用也没问题，每个人的大脑都不同，因此不同的练习可能对不同的人产生更好的效果。

正念呼吸

正如在第4章中讨论过的，你的呼吸对大脑和应激反应有强大的影响。由于大多数时候你都是在漫不经心地呼吸，所以这是一个练习正念的直接方法。你的呼吸一直在发生，所以你随时可以利用它。

请确保你在一个不被打扰的舒适空间里，坐在椅子上或席地坐在垫子上。

1. 设定一个1分钟的计时。

2. 坐直。放松肩膀和面部，将注意力引导至你的呼吸上。

3. 不要试图控制你的呼吸，只是注意呼吸的感觉以及来自身体的感觉。

4. 如果闭眼有助于你更专注于自己的呼吸，可以闭上眼睛。

5. 如果你走神了，或者你因为头脑中闪过的感觉和想法分心了，没关系，承认这个分心就好了，再把注意力引回到你的呼吸上。

每天练习1次，连续1周。如果你发现1分钟太容易，你想多些挑战，那就延长到2～3分钟。如果你觉得挑战太难了，或者你不确定自己做得对不对，别担心。不管你做得对还是不对都是正常的。当你觉察到自己的疑虑，就承认那个想法，并把注意力带回到你的呼吸上。

你也可以记录正念呼吸日志，来激励自己的正念呼吸练习。

正念呼吸日志

记录你做正念呼吸的日志。填写日期和开始时间。完成每次练习后，记录这次练习的耗时，即你做了多长时间的正念呼吸。

	第 1 天	第 2 天	第 3 天	第 4 天	第 5 天	第 6 天	第 7 天
日期							
开始时间							
耗时							

正念小程序

许多人喜欢使用正念小程序来引导自己完成正念练习。可选的小程序有很多。Headspace 专注于 10 分钟冥想，并且使用起来非常容易。10% Happier 也是一款强大的正念练习软件。Happy Not Perfect 是我参与设计制作的，它主要是让你拥有正念的片刻。从它们当中挑一个试试，你可能会喜欢的。

或者，你可以在之后的身体扫描中，使用自己的声音录下这些步骤来引导自己完成。如果你决定这样做，请确保以一个舒服的节奏录制，讲得足够慢。

身体扫描

最简单的正念技术之一就是身体扫描。你的目标是将注意力的焦点依次移动到身体的不同部位，并观察你所见(或感受你所感)。我已经写出了做这个练习的一种具体方法，但是方法没有对错之分，你可以自由地尝试。我是按照坐在椅子上练习来写的，你也可以坐在地上或者躺着来做。

√ 一只手放在胸口上，另一只手放在肚子上，提醒自己，你的身体是鲜活的。感受你的心跳。深深吸气并呼出。感受身体随着呼吸在扩张和收缩，感受胸部和腹部的感觉。

√ 再做一个深呼吸，在呼气的过程中，让双手滑落到大腿上。

√ 感受双手在大腿上的重量，以及大腿给双手的反作用力。

√ 留意你的身体在椅子上的重量，以及你坐这张椅子感觉如何。留意椅背给你后背的支撑。

√ 当你呼气时，注意肩膀是紧张的还是放松的。

√ 注意踩在地上的双脚。将注意力带到右脚上，然后转移到左脚。你的脚趾感觉如何？脚跟呢？

√ 将注意力向上转移到双腿。你能在那里感觉到什么吗？

√ 注意你的腹股沟和臀部。有紧绷感或刺痛感吗？

√ 再将注意力转移到你的胃。你有收紧或绷紧的肌肉吗？

√ 留意你的双手。它们是攥紧的还是放松的？

√ 然后将注意力向上转移到颈部，体会那里感觉如何。

√ 将注意力放在下巴上。它是紧绷的还是放松的？

√ 将注意力转移到你的面部。你正在做什么表情？

√ 将注意力放回到呼吸上。吸气、呼气，再次关注呼吸的感觉。

√ 再做一个和缓的深呼吸。如果你的嘴角微微上扬，那很好。呼气，将这种感觉带到你一天的生活中。

在做这个练习时，有什么特别的难点吗？你都注意到身体有什么变化？又注意到了什么想法？

____

____

____

在日常生活中练习正念

你不必为了练习正念而搁置自己的日常活动，你可以把正念结合到你打算要做的事情中。

想一些你不是那么愿意去做又不得不做的事，例如洗碗、叠衣服、写作或者工作中你必须去执行的任务。

从上面的清单中选择一件琐事，并在执行过程中保持正念。不要着急。着急会让你接受自己这样的一个观点，那就是认为这件事是不好的，而且需要去避免。从容些，关注身体感觉和小细节。

琐事的问题通常在于我们抱着“这真无聊”的想法，于是，我们自动认为这些想法是真的，并且自动认为无聊是不好的。琐事可能并不无聊，但那个想法阻碍了你享受其中。琐事可能确实无聊，但也并不意味着它是不好的，那就是生活的一部分。如果生活总是令人兴奋的，那么你就无法真正体会兴奋。

正念进食

吃东西是你每天都会做的，也正是因为它是如此普通，所以很容易用它做正念练习。在这个练习中，你需要带着意图去正念地做这件事，全身心关注你正在吃的食物，不加评判。

1. 拿一粒葡萄干，或者一枚葡萄、一片橙子、一颗腰果……任何容易入口的小东西都行。不要选你最喜欢的或特别不喜欢的食物。

2. 把食物捧在手中。把它当作一件艺术品、一件雕塑去观察。你注意到它长什么样——小的皱褶、质地、阴影？它在手里感觉怎么样？

3. 把它放在唇边。体会它的质地，或许还会闻到它的香气。

4. 把它放进口中慢慢咬下去。体会你舌头和脸颊上的感觉，感受如何……再体会它的气味。有变化吗？

5. 慢慢咀嚼，让味道一点点散发出来。体会它的味道，并留意你所体会到的。

6. 注意到你或许急于不自觉地把食物吞咽了。当你认为嚼够了的时候，再多嚼一下，再多一下。味道有变化吗？体会你现在对食物的喜爱是更少还是更多了。

7. 最后再嚼一口，然后有意识地咽下。

在这个练习中有特别的难点吗？在你正念进食的过程中，你注意到身体有什么变化？注意到自己有什么想法？

____

____

____

____

重要的是，你不需要总是这样吃东西。多数时候，你可以尽情享受与他人一起吃东西的时光。不过正念的元素有助于你享用食物，尤其是你在吃饭之前进行的片刻正念。

◎ 接纳带来的挑战

很多人因为身体病痛而加重了抑郁症、焦虑或无法感觉更好。这可能包括慢性疼痛、呼吸问题、糖尿病、肠易激综合征或其他慢性疾病。

在这种情况下，最大的问题通常不是身体的局限性，而是大脑对这些局限性的过度反应。是的，身体可能有病痛，如果你可以做一些事让情况有所好转，那就去做，如果你无能为力，那么接纳这个局限性也是有帮助的。采取这一步可以减轻压力，缓解你的基础疾病，从而使你可以将更多精力专注于你能控制的事情。

关于积极情绪的注意事项

当我们对一种积极的感受或令人愉快的事物感到非常兴奋时，那兴奋中通常藏着对这些美好很快就要结束的恐惧或悲伤。在抑郁症中，这样的积极感受会像救生圈一样承载着你，但是如果你将这种感觉当作可以防止你溺水的唯一一根救命稻草，那么你可能会因害怕失去它而焦虑不安。认识到积极的情绪在支持你是很有帮助的，但积极情绪并不是每时每刻都至关重要。

尽管从长远来看，积极的情绪令人愉悦和受益，甚至是必需的，但短期内，如果没有这种情绪，你仍然可以生存并完成有意义的事情。一旦你接受了自己并不需要每时每刻都保持积极的情绪，那么你就不必担心它们是否会一直存在，并且可以为它们的存在而心怀感激。

◎ 总结

莎士比亚笔下的哈姆雷特说过，“世间本无善恶，全凭个人怎样想法而定”[㊀]。对你的想法和自动评判保持正念是一个强有力的工具。然而和任何有用的工具一样，它也并非无所不能，并不能解决所有问题。

有时漫无目的也是有用的，陶醉在享受或分心中，尽情地走神儿。

如果你觉得不高兴或者焦虑，或者体验到任何其他的消极情绪，分散自己的注意力是非常好的。专注于其他事，找点儿乐子、看电视、打游戏。分心没有错。或者更好的方案是，能尝试去解决问题。那也是一条很棒的前进路径。有些问题容易解决，而有些问题，一旦你将注意力从它们身上分散，就很容易被遗忘了。

漫无目的唯一的问题在于，它是不是你对负面情绪的唯一反应——这么做令你在当下感觉更好，但到头来你并没有真正体验你的生活。

不管怎样，由于我们很多人在很多时候都是漫无目的的，所以很值得去发展一下自己的正念技术。它有助于你与自己的情感联结，但又不成为情感的奴隶。它有助于你接受你不能改变的事，使你专注于你能改变的事。这在改变习惯方面尤为重要，接下来我们就来谈谈这方面。

㊀ 梁实秋译版。——译者注

09

第 9 章

建立习惯的正向循环练习

一百多年前，飞机上的自动驾驶功能得到了发展，这样，一架飞机就可以自动朝着目的地前进，而无须飞行员不断关注和干预。刚开始这项技术很粗糙，但是随着飞机技术的进步，自动驾驶技术也有了很大的改进。相比之下，大脑的习惯系统是在一亿多年前发展起来的，至今并没有真正改变太多。

习惯系统主要是指位于大脑深层的纹状体。纹状体与杏仁核紧密相连，因此习惯、情绪和压力密不可分。压力促使我们养成习惯，特别是我们最根深蒂固的习惯。养成这些习惯至少在短期内可以减轻压力。当这些习惯从长期角度来看也有好处时，我们称其为良好习惯，如果没有，我们称它们为坏习惯。然而纹状体并不对它们做区分。

在F.斯科特·菲茨杰拉德（F. Scott Fitzgerald）的小说《人间天堂》（*This Side of Paradise*）中，奋力挣扎的浪漫主义主角宣称："我是我的情感、我的喜好、我对无聊的厌恶，以及我大多数欲望的奴隶。"也许你也有同感，这实际上就是你感到陷入僵局的原因之一。

不遵循你的习惯，而是另辟蹊径，这么做可能会非常可怕。改变现状会使边缘系统全部启动并激活应激反应。为了使自己平静下来，边缘系统的激活会触发纹状体，迫使你重新回到老习惯。试图偏离日常习惯会更加强烈地激发你的习惯。好消息是，你可以通过更多的有益习惯来重新训练纹状体。

当谈到幸福以及对抗抑郁时，拥有习惯并没有错。只有当你感觉自己并没有真正过着自己的生活，而是通过某种程序化的规定而活着时，这才是问题。幸运的是，你既是计算机程序（纹状体），也是程序员（前额叶皮层）。你无法重写整个代码，但可以对其进行修改并找出一些漏洞。

本章重点介绍如何利用大脑中的习惯环路，以使你的生活开始不再需要付出那么多慎重和刻意的努力。本章从神经科学角度探讨了习惯的形成和改变，这建立在前几章的基础上，有助于你识别无益习惯，并学习如何最好地创建更多有益习惯。

◎ 识别无益习惯

你可能在各种领域中都有应对的习惯，最明显的是你的行为习惯，也就是你经常采取的行为，例如查电子邮件、喝啤酒、拖延时间，等等。然而，你也会有社交习惯和情绪习惯，甚至是思维习惯。在抑郁症中，所有这些不同类型的习惯往往会相互强化，使你陷入僵局。

创建正向循环的最佳起步就是意识到你是如何在无意中创建了恶性循环的。你可能忽略消极习惯，责怪自己起初养成了这些习惯，或已经屈从于它们。然而，那些自动的评判、批评和绝望感都只是习惯本身，这些认知上和情绪上的习惯导致了你的抑郁。这就是正念在改变习惯方面具有强大作用的原因。第一步不是去改变任何事，只是去更多地觉察正在发生的事情。

实际上，即使你识别出无益习惯，目标也不是要改变它们，而是需要用新的有益习惯来代替它们。正如提摩西·加尔韦（Timothy Gallwey）在我最喜欢的一本有关正念的书《巅峰表现》[⊖]（*The Inner Game of Tennis*）中描述的那样："一个孩子不必非要去打破爬行的习惯……当他发现步行更轻松时，自然就不爬了。"（Gallwey，1997）

看看下面的应对习惯清单，然后在过去几个月中你多次做

⊖ 此书将由机械工业出版社出版，暂名为《巅峰表现》。——编者注

过的事旁边打钩。不必担心它们的好坏，因为纹状体对此从来不做区分。

- □社交
- □自我孤立
- □拖延或忽视
- □担心
- □锻炼
- □吃
- □烹饪或烘焙
- □喝酒
- □喝含咖啡因饮料
- □回避困难
- □发怒或咄咄逼人
- □责备自己
- □深呼吸
- □做计划
- □整理
- □淋浴（泡澡）
- □做家务
- □耿耿于怀或沉湎
- □创意写作
- □写信或写邮件
- □回避电子邮件
- □画画
- □演奏或聆听音乐
- □玩游戏
- □玩填字或拼图游戏
- □购物
- □拿外卖
- □阅读
- □冥想
- □跳舞
- □吼叫
- □驾驶
- □祷告
- □拉伸或做瑜伽

这份清单仅仅是人们需要应对的众多习惯中的一个样本。这份清单可以一直写下去。把这些习惯想成是工具会很有帮助。它们本身并无好坏，只是服务于不同的目的。例如，锤子和螺丝刀都是工具，它们俩谁比谁更好吗？那取决于用它们来做什么了，不是吗？

这关乎选择。选择意味着如果你不喜欢你的习惯，你就可以改变它们，如果你不喜欢你的习惯强迫你去做的事，你就不需要去做。

如果你不想为你自己的自动驾驶系统负责，那么你将遭遇一些问题。就像在一架飞机上，并非所有情况下都能使用自动驾驶，飞行员必须去设定目的地并降落飞机。自动驾驶在大多数情况下都是有帮助的，但在一些关键时刻，自动驾驶则不能胜任。大脑也是一样。

纹状体是非常强大的，它将帮助你实现许多功能，但是它无法完成所有事，前额叶皮层必须去设定目的地。大多数情况下，你可以并且应该让纹状体自动工作。然而如果你改变了目的地或者需要有变通，那么前额叶皮层就必须出面干预了。

当纹状体中的习惯和前额叶皮层指定的目标吻合时，最容易获得幸福。然而如果你希望你的习惯更符合目标，你就需要再培训纹状体去做其他不同的事，这需要付出一些努力。

记录你的事件和习惯

写日记，以识别某些情绪、思维和行为习惯。在接下来的一周内，写下令你感到糟糕的事件、情境或互动。厘清随之产生的感受、想法和行为，以及这些事件对你的影响。这么做的目的只是觉察，你无须尝试去改变任何事，我们的目的就是对自己的性情有更多觉察。你可以在自己的日记中写，也可以在下文提供的空白处写。

事件和习惯记录表

发生了什么	当时你有何感受	当时你在想什么	你做了什么	事后你有何感受
举例：我的老板批评了我的工作表现	被攻击和感到自己未受到赏识	我做不好我的工作，我什么都做不好	坐在我的沙发上吃冰激淋	软弱，可悲
1.				
2.				
3.				
4.				
5.				
6.				
7.				
8.				

看着你的日记，你能识别出有问题的模式吗？回想一下过去的几个月或几年，情况如何？你有什么无益的行为习惯？

无益想法模式，如非黑即白思维和小题大做，也可以被视为习惯。你能想到你有的任何无益情绪或思维习惯吗？

你的无益社交习惯有哪些？

◎ 建立新习惯

戴尔·卡耐基（Dale Carnegie）最畅销的经典著作《人性的弱点》[㊀]（*How to Win Friends and Influence People*）中一段关于在缅因州垂钓的话写道："我个人非常喜欢草莓和奶油，但我发现出于某个奇怪的原因，鱼更喜欢吃虫子。所以当我去钓

㊀ 该书原著自1937年问世以来陆续出版过多个版本。作者在此引用2010年版。——译者注

鱼时，我没想我要什么。我没用草莓和奶油做鱼饵，而是在鱼钩上挂了一条鱼虫子。”如果你想改变纹状体，你就得开始使用它的语言。是的，你非常在意你养成了好习惯还是坏习惯，但是纹状体并不关心这个。

纹状体并不总是要跟你对着干。它可以为你工作，但是就像狗一样，它也需要被训练。训练是一件连贯一致的事。如果你的狗跳到沙发上，有时你吼它下去，有时你又俯身去抱它，那么它就会很迷惑，不明白你到底想要它怎样。

连贯一致并不需要你成为一个浑蛋。要是你的狗犯错了，你犯不着为此而暴打它，并且自责也一样无济于事。如果你的狗需要更长时间去学习，那么你只需要多点儿耐心。这也适用于你自己。

自我批评是一种激活手段，能够激活前额叶皮层去调控边缘系统，而且自我批评与前扣带回的激活相关联，前扣带回是大脑中处理错误的区域（Long et al.，2010）。然而这种思维模式也可能会阻碍你做出积极改变，尤其是当你感觉低落和缺乏动力的时候。相较而言，自我肯定用到的前额叶皮层部分，更能直接调控边缘系统的情绪功能。自我肯定也激活脑岛，脑岛是大脑中感受事物的部分，并且和同理心相关。因此，自我肯定有助于你做出积极改变，使你可以带有同理心地感受你的情绪，并开始做出改变，抑或采用旧的应对习惯来回避对情绪的感受，并一直停留在那里，选择权在你。

建立新的习惯很难。幸运的是，重复一个行为的次数越多，在纹状体内的编码记忆就会越稳固，实施这个行为就会变得更容易。最初的几次，尝试新习惯往往会使人觉得尴尬不适，这时候需要来自前额叶皮层的很多意志力。随着时间的流逝，新习惯被编码进纹状体，就开始变得更自然了。这需要时间和不断重复，就像训练狗一样。

使用自我肯定

谈到习惯，我们大多数人想到的都是对自己不满意的地方，并以此进行自我批评。因此，尝试改变习惯可能会带来很大压力，这本身会触发习惯，并使其难以改变。这里有一个更好的方法。

研究表明，如果你不专注于你最糟糕的品质，而是专注于最出色的品质，习惯会更容易改变（Epton，Harris，Kane，van Koningsbruggen，& Sheeran，2015）。想想你最喜欢自己的一点，你最不想改变自己的哪些品质？这种关注是有益的，可以激活伏隔核（Dutcher et al.，2016）。

给予自我肯定

回想你过去几年的生活，并思考下列问题。如果你回答是，那就在问题后做个标记，并对你的回答稍加描述。

1. 你是否曾为别人做过一些你不需要做的事情？ □

2. 你是否原谅了伤害你的人？ □

3. 做决策时，你是否考虑过别人的感受？ □

4. 你是否帮助过比你不幸的人？ □

5. 你是否为朋友或家人提供过帮助或支持？ □

识别触发因素

所有的习惯都会被某种因素触发。遗憾的是，很多坏习惯的触发因素是诸如焦虑或失望的感受。幸运的是，你已经在用这本书来帮助减轻那些感受，你为了缓解压力所做的任何事都有助于减轻坏习惯的影响。

而且，无论触发因素是什么，通过识别坏习惯的触发因

素，你都可以在它发生之前就制订计划。你可以提前想象自己将如何响应触发因素，而非顺着坏习惯去做，这有助于前额叶皮层使纹状体的刺激–反应特性失效。由于无益习惯通常会激发更多的无益习惯，因此进行一些规划可以帮助打破这种恶性循环。

对于由一件事或一个东西触发的不复杂的坏习惯，还有一个更简单的解决方案：消除触发因素。假设你正在尝试高效居家工作，但最终总是跑去看电视。你可以尝试使用更多的意志力来对抗看电视的欲望，或者你可以去个没有电视的地方。避免诱惑比抵抗诱惑更容易。

识别你的触发因素

回答以下问题，找出你最大的触发因素是什么。对事件和习惯做记录可能有助于带来一些领悟。

1. 在你产生消极感受之前，通常会有什么想法？

____

____

____

2. 什么类型的互动会令你感觉更糟或触发坏习惯？

____

____

____

3. 什么环境或情况会令你感觉更糟或触发坏习惯？

____

____

____

现在你知道了自己的触发因素是什么，你可以计划将来如何以更好的应对习惯进行反应。下一个练习有点儿像疯狂填词游戏，用它来计划下次被触发时你的响应方式。

用文字游戏来处理习惯

当________________（事件或感觉）让我想要或考虑做________________（无益习惯）时，我将接受那些想法和感受，然后我会________________（有益习惯）。

改变你的环境

终极触发因素是你周围的环境，它为你的生活提供了背景。海马全面掌握你的环境信息，并将其提供给纹状体。

你在工作吗？工作时你可能不得不按照某种方式行事。如果是在奶奶家呢？或者在聚会呢？你所处的环境类型决定了你更可能采用哪种类型的习惯。

同样，改变环境是影响习惯的一种方式。这就是为什么我建议正在戒酒的人远离酒吧，而不是和过去的酒友混在一起。

是的，你也可以在酒吧克服喝酒的习惯，但何必给自己出难题呢？

你在家里很难有效率吗？你不需要总是注意你的想法或试图减轻压力。离开家吧！不想在家锻炼吗？没问题。穿上运动服，开车去健身房好了。转移到一个新环境，那里更有可能建立新习惯，你也会感到更有动力去做。

好习惯会激发更多好习惯

以下是有助于你自我感觉更良好，以及去改变环境的一些必要举措。海马会识别出环境的变化且在本质上认为："哦，我想我们在乎自己。"

√ 打扮
√ 铺床
√ 刷牙
√ 洗澡
√ 洗衣服
√ 锻炼
√ 给朋友打电话

奖励你自己

当你训练狗在听到你的指令就坐下时，每次它做到了，你就应该奖励它，这就是训练狗的方法。如果你要训练新习惯，那么也得奖励你自己。

你将如何奖励自己

这里有一些有关如何奖励自己的方法。添加其他吸引你的主意，然后在要使用的内容旁边打钩。

- □ 告诉自己你干得漂亮。
- □ 用小点心犒劳自己。
- □ 放松 15 分钟。
- □ 给自己打个钩或画颗星星。
- □ 吃 1 颗糖。
- □ 做 1 个深呼吸。
- □ 微笑。
- □ 给朋友打电话告诉他们你做了什么。
- □ ______________________________
- □ ______________________________

◎ 如何从坏习惯中受益

承认自己是如何从坏习惯中受益的很重要。我们所有坏习惯都是有原因的，我们之所以拥有它们，是因为它们帮助了我们，或者至少在我们最初习得它们时，它们曾帮助了我们。

理解我们如何从习惯中受益可以带来一些重要的见解。一方面，它有助于赋予你一定的接纳度，去发现你并不疯狂，并且你在做的事是有章可循的。另一方面，这使你能看到你在生活中的需求，并找到一种更具建设性的方式来实现这一需求，同时在这个过程中不断前进。

我们的习惯可以减少不确定性并建立更强的控制感，这两者都有助于减轻压力。例如，如果你担心社交的尴尬，就可能会回避所有社交，这样可以在短期内降低压力，但不是长久之计（见第 6 章）。由于坏习惯，甚至是破坏性的习惯是如此熟悉，因此我们在其中找到了片刻舒适。然而，获得这种舒适感却会牺牲长期的幸福感。

有些习惯会带来短暂的积极感受，例如浪费时间在互联网上，吃不健康的食物或吸烟等，因为它们会短暂地让人体释放多巴胺，从而暂时使我们感觉更好。不幸的是，这种短暂的感觉最终会导致更多的负面情绪。

不要认为你需要消除所有的坏习惯，它们可以成为缓解压力的重要来源，不过至少可以养成一些良好习惯来抵消负面影响。如果你的习惯妨碍了你的生活，那么改变习惯将对你的情绪、焦虑和生活满意度都产生强大的积极影响。

你的坏习惯在哪些方面使你受益？

你能想到更多的有益方式去获得同样的好处吗？

◎ 面对你的恐惧

从本质上讲，无益习惯与回避有关。我们不喜欢自己的感受，所以我们尽量避免感觉到它，或者采取行动来改变我们的感觉。尽管这使我们暂时平静下来，但它训练了纹状体，告诉它这种感受实际上是应该回避的。而且，我们越避免这种感受，将来就越感到要迫不得已地回避它。这种方式的阻力最小，却恰恰放大了你所有的恐惧和焦虑。

消除恐惧和焦虑的唯一方法是：告诉大脑不要害怕，选择走向恐惧。你不必非得这样做，但是只要恐惧阻碍了对你来说很重要的事情，实际上你就会想要这么做。

下面介绍的是最有效的焦虑治疗方法之一：暴露疗法。你可以试着自己去面对恐惧，也可以找心理健康专家来指导你。

◎ 你脑中的微弱声音

你脑中有个微弱的声音告诉你要放弃。它要你打开电视，吃垃圾食品。它说你一文不值，而且一切都毫无意义。它成了你生活的实况报道，好像你的潜意识正在实时发布你所做的一切。它令人分心和沮丧，有时甚至不堪重负。但这是你的习惯系统的一部分，你有能力减轻它对你的控制。

每当这个声音对你耳语时，只要你照做了，就会使它变得更强，更难以被忽略，这就是背侧纹状体的工作原理。想法是触发因素，通过相信它并采取相应的行动，就会使背侧纹状体得到奖赏，使它下次更有可能发生。如果你的狗每次吠叫，你都给它一个奖励，它就会开始叫得更多。

如果你每次都忽略了这个声音，下一次忽略它的可能性也会变得更大。这不是一个线性的变化过程。有时，你更加自信，充满活力，此时这个声音就很容易被忽略。而有时，你情绪低落、沮丧或空虚，这个声音似乎就会无处不在。然而，每次你鼓起勇气无视它，并做其他事情时，你就会更有可能培养新的认知习惯。

想象你种了一片新草坪。把草坪放在那儿几天不碰将有助于它生长。如果你忘了，不小心从上面穿过，也并不会破坏你所有的辛苦工作，因此不必灰心，你所能做的就是记住下次不要踩草坪。如果你记住的比忘记的多，那么你最终会赢得胜利。

当你试图改变自己的习惯，或做一些不舒服的事情时，脑海中那个微弱的声音会和你说什么？

既然你知道那个声音在告诉你什么，那么你能发现任何倾向吗？这句话里有没有认知歪曲？你会如何回应？

◎ 饮食习惯

尽管没有足够的时间去探索所有类型的习惯，我还是要更深入地探讨一项：饮食。饮食习惯对你的幸福感有很大影响，

并可借此来解释所有习惯。

饮食不仅仅关乎生存，它也与感情和文化以及与他人的联结有关。饮食不仅包括你吃的东西，还包括吃的方式和理由，这些都会影响你的幸福感。

多年来的许多研究表明，抑郁症患者倾向于不健康的日常饮食，但至今尚不明确是否存在因果关系。抑郁症会导致饮食不健康吗？还是饮食不健康会导致抑郁症？与本书中的大多数内容一样，答案是两者兼而有之。然而在讨论你应该吃什么之前，我想先讨论一下你应该如何饮食，以及为什么饮食。

如何饮食

饮食方式比吃什么对你的情绪影响更大。例如，你是否一边看电视一边漫不经心地进食？最好关注被你放入口中的东西。理想情况下，你会喜欢它并品尝它，即使是简单的注意行为也是有益的。全然投入在饮食当中，这不仅可以减轻压力，还能减轻抑郁症状，并使食物更加令人愉悦和满足（Winkens et al.，2018）。

此外，独自用餐会增加患抑郁症的风险（Kurodo et al.，2015）。多与他人一起用餐，以充分利用社交的正向循环。

你为什么饮食

你是否利用食物来帮助你处理感觉？吃可能是一种强有力

的应对习惯。抚慰人心的美食之所以令人安心，是因为它有助于释放多巴胺，甚至催产素，从而减少压力激素。然而当饮食习惯成为问题时，意识到你为什么要饮食就很重要了。你是因为饿，还是因为感到无聊、有压力或不舒服而进食？重要的是要记住，你的饮食欲望与饥饿感有很大不同。

你可能会被迫吃东西，但这是否意味着你饿了？即使你饿了，这是否意味着你需要吃东西？不，你不会饿死。

在某些时候，大多数人都将食物作为处理感受的一种应对机制。偶尔这样做没问题，这可能是一个有趣且美味的应对习惯。然而，如果它开始成为一个问题，则可能会导致恶性循环。

问题在于，我们渴望进食的原因与感觉有关，而食物并不能代替感觉。我最喜欢的一段科学论文引述来自一项对肥胖症的研究。该研究的作者指出，肥胖症与体重或食物无关，而与体重和食物的含义有关，即它们代表什么。作者写道，食物带来的心理和情绪收益是“深远的，但治标不治本”，并且“欲壑难填”（Felitti，Jakstis，Pepper，& Ray，2010）。长远来看，用吃东西来处理自己的感受是行不通的，因为食物并不是你真正追求的东西。也许你暂时可以得到足够的安慰，但那种渴望还会回来，因为几乎可以肯定的是，你永远无法真正觉得够了。

饮食作家迈克尔·波伦（Michael Pollan）喜欢说：“如果你还没饿到要吃一个苹果，那你就是不饿。”你可能会有饥饿感，但同时伴随着其他欲望。你想要享受，你想要满足，你想要安心，你想与现在有所不同。尽管有时食物可以带给你这些，但如果食物是你获得这些的唯一方法，你就会遇到问题了。

你应该吃什么

澳大利亚一项对数千名青少年的研究表明，饮食越健康，整体心理健康水平越高，新鲜水果、蔬菜和全谷物吃得越多，抑郁就越少（Jacka et al.，2011）。这些食物为大脑的重要化学物质提供了基础，有助于大脑实现最佳功能。新鲜的水果和蔬菜为你的大脑提供了关键的维生素和矿物质，而鱼类和橄榄油等食物则可提供重要的脂肪，以帮助大脑运转。

加工食品的问题之一是，它们通常含有大量的糖。糖会像成瘾药物一样刺激大脑中的奖赏通路，尽管程度较小，但会在伏隔核中释放多巴胺（Rada，Avena，& Hoebel，2005）。这不一定是坏事，因为它也可以带来快乐。然而它也会成为问题，因为吃糖会使你更加渴望糖，最终可能会影响你对更天然食品的享用。

饮食影响情绪的另一种方式是改变肠道内生长菌群的种类。这些数以万亿计的细菌细胞帮助你的身体消化，产生影响你身体和大脑的多种化学物质。改变饮食习惯可以改变肠道细菌，进而改善情绪（Foster & McVey Neufeld，2013）。

以下清单是可以尝试多吃一些的食物。改变饮食习惯的目的不是减肥，而只是为了食用更多的健康食品和更少的不健康食品。在一项研究中，做出这些日常饮食改变的人抑郁症状的改善程度大约是对照组的两倍（Jacka et al.，2017）。仅靠这些日常饮食变化，不一定能治疗抑郁症，但它们是均衡饮食方法的一部分。

√ 全谷物（每日 5 ～ 8 份）
√ 蔬菜（每日 6 份）
√ 水果（每日 3 份）
√ 豆类（每日 3 ～ 4 份）
√ 低脂无糖乳制品（每日 2 ～ 3 份）
√ 无盐生坚果（每日 1 份）
√ 鱼肉（至少每周 2 份）
√ 瘦肉（每周 3 ～ 4 份）
√ 鸡肉（每周 2 ～ 3 份）
√ 鸡蛋（最多每周 6 份）
√ 橄榄油（每日 3 汤匙）

除了上述建议外，请尝试减少以下食物的消耗：糖果、精制谷物、油炸食品、快餐、加工肉类和含糖饮料（每周不超过 3 种）。烈性酒和啤酒也应减少。另一方面，大多数研究都认为你可以在用餐时喝一杯葡萄酒（最好是红酒）。

◎ 总结

你的习惯的主要问题是，它们非常满足于替你过你的生活。它们不在乎你的快乐或长远的幸福，但是你可能会关心那些事。你可以礼貌地要求它们把你的生活还给你，但它们可能只会无视你。

重要的是，你不必说服你的习惯，让它们放你一马。即使你的个人自动驾驶系统迫使你驶入某个航线，你也无须照做。

你有权做出其他任何选择。然而，知道自己具有这项权力，实际上会增加边缘系统的活动，令人感到不舒服。小说家米兰·昆德拉（Milan Kundera）将其形容为“生命不能承受之轻”。假装无法控制自己的生活通常会使你觉得更舒服，但实际上你能控制。

要想重新开始你的生活，你无须回避所有习惯，只需选择自己喜欢的习惯就好，它们会将你带向你想去的方向。这并不总是那么容易，但是如果对你来说很重要，那么努力就有意义。

养成新习惯可能很困难，但请想想它们为什么对你很重要以及你将如何受益，有时只需要一个深呼吸和对自己的一个冷静提醒——你有能力选择一条新的前进之路。

10

第 10 章

建立感激和关怀的正向循环练习

古希腊斯多葛学派哲学家爱比克泰德（Epictetus）曾说："一个聪明的人不会为自己没有的东西感到悲伤，而会为自己所拥有的东西感到高兴。"古希腊人知道，创造幸福的不是我们的环境，而是我们对环境的思考。这是个好消息，因为尽管现实通常很难改变，但你对现实的看法却更具可塑性。它受你所关注的内容的影响，进而影响你的大脑活动和化学反应。

患抑郁症时，这可能会对你不利，因为大脑会偏向于把更多注意力放在负面信息上。幸运的是，你可以通过将注意力转移到现实中更积极的方面上来抵消这种情况，如关注支持你的人和你欣赏的事物。当你更多地关注生活中的积极方面，就会更容易体验到积极情绪，这有助于你走出抑郁症，实现正向循环（Sin & Lyubomirsky，2009；Chaves，Lopez-Gomez，Hervas，& Vazquez，2017）。

有时我们很难欣赏自己拥有的美好事物，因为它们没有我们期望的那么好。在谈到欣赏自己的优良品质时尤其如此。因此，为了欣赏你拥有的东西，宽容和关怀会有所帮助。

本章将帮助你把注意力聚焦在生活中值得感激的方方面面，因为你的大脑可能对它们有忽视或扭曲，这个过程的一部分将涉及自我关怀和原谅的练习。需要注意的是，本章的重点不是为了更具感激之情，这是你无法控制的，而是要认识到需要感激的事情，这么做将带给你不同的变化。

◎ 感激的挑战和益处

抑郁症患者的多巴胺系统运转不灵，因此可以理解你为什么想不到那些该感激的事，因为那些事并不会激发喜悦。也许你有好心的朋友，他们让你振作起来，专注于生活中所有美好的部分。也许你已经尝试过了，但在你认为应该觉得快乐的时候，却仍然感到空虚。那会让你觉得自己忘恩负义，没有人愿意忘恩负义，与之相比，把生活中所有这些过往都忘记，不是更简单吗？

因此，我想强调的是，并不是我要求你去感激。你无法控制自己的感觉，但至少可以在一定程度上控制自己的行动和关注点，将注意力集中在现实的积极方面，并原谅自己的缺点。

许多研究证实了感激的好处。感激可以减轻抑郁症状，也可以减轻压力，并增加人们对社会支持的感知（Wood，Maltby，Gillett，Linley，& Joseph，2008），它可以改善自尊和心理健康（Lin，2015），甚至可以改善你的身体健康和睡眠质量（Hill，Allemand，& Roberts，2013；Wood，Joseph，Lloyd，& Atkins，2009）。

感激有很多益处，因为它会影响大脑的不同区域和化学物质。重要的是，感激能激活多巴胺系统，特别是激活产生多巴胺的脑干区域（Zahn et al.，2009），这意味着它可以对奖赏和享受产生广泛影响。但是，与其列出感激给大脑带来的其他所有好处，不如让你在本章中去发现它们。

◎ 感激过去

存在主义者阿尔贝·加缪（Albert Camus）提出了一个“不可战胜的夏天”，它是我们所有人都有的，带我们度过艰难时期的非常积极的记忆。有趣的是，悲伤有时可以将我们的

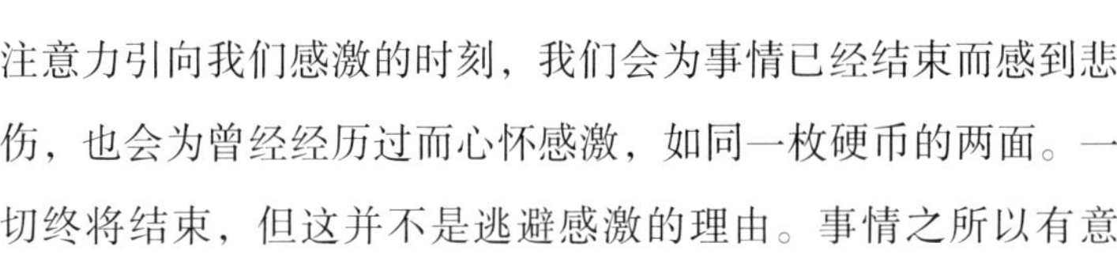

注意力引向我们感激的时刻，我们会为事情已经结束而感到悲伤，也会为曾经经历过而心怀感激，如同一枚硬币的两面。一切终将结束，但这并不是逃避感激的理由。事情之所以有意义，恰恰是因为它们会结束，而我们曾经历过这一遭。

大脑是复杂的，你可能同时感觉到很多情绪。你可能同时感到悲伤和感激，也可能感到生气、放松或焦虑。然而实际上，你不太可能同时专注于所有这些情绪，你关注到的那些情绪会产生强大的影响。

想到美好的回忆会激活前扣带回皮层中血清素的生成（Perreau-Linck et al.，2007），还会激活伏隔核，释放多巴胺（Speer，Bhanji，& Delgado，2014）。调节关键脑区的关键神经递质，是一个双赢的局面。

记住美好时光

列举出一些美好的回忆，不用描写细节，只需几个词来唤起你的记忆。你在什么时候会想起那段时光？

√ ______________________________

√ ______________________________

√ ______________________________

√ ______________________________

√ ______________________________

√ ____________________

√ ____________________

√ ____________________

√ ____________________

想到美好的回忆实际上会比描写它们更能提高幸福感，因为你在重新体验，而不是分析它们（Lyubomirsky，Sousa，& Dickerhoof，2006）。下面是一个具象化练习。

想象一段美好时光

回想过往的一个时刻。你可能曾和另一个人在一起，或者可能独自待在一个美好的地方。从深沉缓慢的呼吸开始（见第 3 章），然后将计时器设置为 1 分钟，详细地具象化你的美好回忆。想象一下这个地方的颜色、气味、质地和声音。如果你和别人在一起，回想这个人长什么样、做过什么或说过什么。

1 分钟结束时，注意自己的感觉。如果感觉良好，这段记忆就是你自己“不可战胜的夏天”的一部分，你可以在需要时重温。

◎ 感激未来

乐观是感激的一种形式，指对未来心怀感激。遗憾的是，

乐观也会带来压力，因为你并不总是能控制事情的发展。这就是为什么大多数抑郁症患者表现出悲观情绪的一个原因，即为了保护他们自己、他们的边缘系统和伏隔核免于失望。因此，即使你可能会觉得不舒服，也请花点儿时间去认清你对什么抱有希望。

你现在经历的什么困难，有可能在将来变得更好？

将来可能会有什么好事发生？包括正在发生的和你觉得能有所改善的积极事件。即使不确定这些事情会发生，你是否会对这种可能性心怀感激？（另一种选择是根本没有这种可能性。）

◎ 感激他人

人类是社会动物，我们需要依赖彼此生存和发展。然而，我们也很容易将自己与他人的关系视作理所当然。很可惜，当我们把事情视为理所当然时，就很难受益于感激。

回顾过去几年以及一路以来为你提供帮助的人们。写下帮助你实现重要目标的、在艰难时期为你提供支持的或只是让你微笑的人的名字。

向他人表达你对他们有多么感激会对他们的生活产生积极影响。而有趣的是，这样做也会对你、你的生活和大脑产生积极影响。

感激增加了我们与他人的联结感。关于感激的研究表明，它激活了内侧前额叶区域，这与我们用来理解他人观点和表现出富有同情心的区域相同（Fox，Kaplan，Damasio，& Damasio，2015）。感激有助于你感到与他人的联结更加紧密，部分原因在于，在认识到自己要感激什么时，你必须承认自己需要什么。当你承认了自己需要什么时，你也意识到了他人

的需求。此外，感激他人的许多好处是由催产素系统介导的（vanOyen Witvliet et al.，2018）。这是一个良性循环，感激促进了我们与他人的联结，而与他人的联结则促进了感激。

下面这个感激练习已被证实对情绪具有可量化的积极影响，这种影响可以持续数周，并伴有与感激相关的前扣带回活动的增加（Kini，Wong，McInnis，Gabana，& Brown，2016），它甚至增强了其他抑郁症治疗方法的有效性（Wong et al.，2018）。

表达感谢

表达对他人的感激之情是利用感激的优势和改变大脑活动尤为有效的手段。最简单的方式之一是给别人写一封信以表达感激之情，即使不把信投出去，这么做也可以改善你的情绪。

一项研究要求参与者写感谢信，结果发现这改变了前扣带回皮层与感激有关的活动，甚至这种改变几个月后仍然存在（Kini et al.，2016）。前扣带回区域通常对与自身相关的刺激做出反应，因此，当你练习感激时，生活的积极方面会突然变得与你更加相关。你无须辛苦地寻找它们，因为你的大脑会自动为你寻找。

写一封感谢信

想想你生活中的某个人，这个人为你做过令你感激的事情，但也许你觉得自己从未对其充分地表达过感谢。即使你确实感谢过此人，也可以再谢一次。也许这是你之前列出过的人。

写一封感谢信，表达对这个人的感谢。请具体说明你为何心存感激，以及他们的行为如何影响了你的生活。设置一个15分钟的计时器，然后开始写。不用担心语法或拼写是否完美。（注意：你不一定要寄出这封信。）

为了获得更多益处，请在接下来的几周内重复该练习2次，每次写给1个不同的人。

升级挑战：安排时间见面，并当面把信交给对方。你们双方都会受益。

◎ 日常感激练习

每天提醒自己要感激的事是一种表达感激的方式，做到这一点最简单的方法之一就是写感激日记。即使在患有精神疾病的人群中，写感激日记也被证明可以增加积极情绪、联结感、乐观情绪，并减少焦虑感（Kerr，O'Donovan，& Pepping，2015）。此外，日常感激练习有助于激活副交感神经系统，并增加心率变异性，帮助你保持镇定（Redwine et al.，2016）。

练习感激有助于你专注于你拥有的美好事物，从而更乐于给予。一项研究发现，感激与慷慨有关，与伏隔核和前额叶皮层动机部分的活动相对应（Karns，Moore，& Mayr，2017）。因此，感激使我们乐于给予，并且给予的动机更多来自他人需求，而非自己的需要。此外，同一项研究发现，通过持续不断的感激练习，前额叶皮层的活动有了更大的增强。感激激发了你帮助他人的渴望，而这正是你的大脑通过练习愈加擅长的事情。

在接下来的7天里，坚持写感激日记。

感激日记

请记住，生活中要感激的事有很多，无论大小，在你每天睡觉之前，回想过去的24小时，并找到生活中你心怀感激的5件事。在日记中记录日期并写下这5件事。它们可以是过去一天发生的特定事件、你采取的积极行动或生活中的其他事。

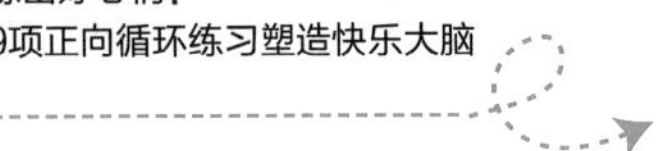

日期	心怀感激的事
1.	1. 2. 3. 4. 5.
2.	1. 2. 3. 4. 5.
3.	1. 2. 3. 4. 5.
4.	1. 2. 3. 4. 5.
5.	1. 2. 3. 4. 5.

（续）

日期	心怀感激的事
6.	1. 2. 3. 4. 5.
7.	1. 2. 3. 4. 5.

虽然生活中的积极事件会使你更容易觉得感激，但它们并非感激之情必需的条件。一项研究发现，较高的感激水平可以预测抑郁症在 3 个月和 6 个月后的改善。在 3 个月期间，这些影响是由积极的生活事件增加所介导的，但到 6 个月时并非如此。这意味着短期内，感激与积极的生活事件相结合将帮助你变得更好，但从长远来看，你所需要的只是感激，实际上并不需要积极的生活事件。一旦感激成为一种习惯，只靠感激就能帮助到你（Disabato，Kashdan，Short，& Jarden，2017）。

升级挑战：在一周结束时，重温你的感激日记，或者只是回想一下过去一周内在大事小情上支持过你的人们。挑选至少一人，送出一封简短的感谢信、一段文字信息或一张字条。你也可以给对方打个电话或当面说声谢谢，没必要很长，甚至只是一句“感谢这一周的支持”就好了。每周重复一次，你就能获得更大的收益。

◎ 感激活动

第 2 章建议你进行喜欢的活动，这些活动本质上是有益的，但你也可以将它们作为练习感激的机会。关注你最喜欢的活动的积极方面，这可以强化你的体验。例如，注意力会调节大脑对食物的动机和情绪反应（Siep et al.，2009），当你的心思在别处时，很难全然享受你正在做的事情，因此请将注意力集中在当下的快乐上，享受有陪伴的时光，品味你正在吃的食物。

以下是一些值得品味的时刻：

- ☐ 吃冰激淋（或者其他最喜欢的食物）
- ☐ 日落时分散步
- ☐ 读一本书
- ☐ 深呼吸
- ☐ 和朋友出去玩
- ☐ 挥汗如雨

这只是一些建议，你可以随意使用它们，或想出你自己值得品味的时刻。然后在你的感激日记中写下来。

品味家务活的积极方面

即使在做家务或其他日常琐事时，你也可以利用到感激。例如叠衣服时，留意刚洗过的袜子上宜人的气味和被整齐折叠的衣服呈现的令人愉悦的对称感。如果你在洗碗，感受温暖的肥皂水划过手掌。

下次你做家务时，请专注于积极方面，有意将自己沉浸在当下小小的快乐中。在体验了这件琐事令人愉快的一面后，你有什么不同的感觉吗？把你注意到的写下来。

____

____

____

____

____

____

____

做家务时，品味你的生活按照微小但必要的方式被整理得井然有序的过程。

◎ 感激你自己

在抑郁状态中，你可能感到自己的生活充满后悔和焦虑。

然而，你拥有的远不止抑郁症让你注意到的这些消极方面，即使你并不完全是自己想成为的人，也最好考虑一下自己身上令你高兴的部分。

这就是感激的力量中一个关键的组成部分。感激可以预防抑郁和焦虑，不仅因为它有助于你与他人的关系，也因其能改善你与自己的关系（Petrocchi & Couyoumdjian，2016）。

你欣赏自己哪些不想被改变的品质？

你是否经历过什么难事，最终却带来了积极的结果？如果是，请描述它们。你可能因分手而对自己有了更好的了解，也可能因丢了工作而获得了一些积极的生活变化。即使积极的方面不能弥补消极的方面，关注你的得而非失也很有帮助。

有时我们很难自我欣赏，因为我们都有自己不喜欢又无法忽略的特质。这时就需要自我关怀了。

◎ 自我关怀和原谅

你不必为了欣赏积极的一面，而去喜欢你自己的、某种情况的或别人的一切。即使你的水杯有 90% 是空的，你仍然可以感激那最后的一小口水。这是否意味着你需要忽略你想要但是没有的那部分水呢？不是。

遗憾的是，除非你原谅某种情况或某个人欠缺的东西，否则你的注意力将不断被欠缺的部分吸引当涉及你自己时，尤其如此，因为我们对待自己经常比对待其他任何人都更严苛。因此，自我关怀和原谅都有助于形成正向循环（Muris & Petrocchi，2017）。

自我关怀练习

如果你有一位朋友正在抑郁或焦虑中苦苦挣扎，你会说什么来提供安慰，并支持你的朋友渡过难关？

____

____

____

____

____

____

现在读读你刚才写的内容，但将对象指向你自己。你和自己是朋友，就像你与其他人的关系一样，这一过程涉及相同的基本脑环路。通过对自己更加关怀和支持，来改善与自己的关系。

原谅你自己

当你患上抑郁症时，最该原谅的就是你自己。接受你无法改变的事，例如你的基因和童年经历。如果你的抑郁、焦虑或其他健康状况正在阻碍你充分享受生活，这一点更是尤其重要，原谅自己会让你将注意力从无能为力的事转移到你能做的事情上。

当你觉得力所能及时，再进行下面这项自我原谅的高级练习。

给你自己写封信

考虑一下自己的局限性：也许是你将自己与他人进行比较的方式，让你显示出某方面的短板；也许是你感到尴尬或羞愧的某些方面；也许是你感到内疚的行为。给自己写一封信，原谅自己的局限性和意识到的缺点。

你曾伤害过任何人并为此感到抱歉吗？你能找到向他们道歉的勇气吗？

____

____

____

____

请记住，道歉是你对自己的行为感到后悔而做出的个人致歉行为，对方没有义务原谅你，如何选择取决于他们。

处理伤害

别人有能力帮助我们，也有能力有意无意地伤害我们。当有人伤害你时，报复的欲望是发自内心并且冲动的，这不足为奇，这种反应涉及脑岛和纹状体（Billingsley & Losin, 2017）。然而，无论对方是否值得原谅，一直背负着这个伤害对你来说都是毁灭性的。你不必确定对方是否值得原谅，而是要确定原谅对方是否会帮助你前进。

原谅并不意味着你必须喜欢对方或与对方成为朋友。原谅是一种接受行为，实际上改变了前额叶皮层与边缘系统之间的沟通（Fatfouta，Meshi，Merkl，& Heekeren，2018）。放下你的愤怒和痛苦，原谅有助于减轻抑郁和焦虑（Reed & Enright, 2006）。原谅是你拥有的一种能力，并且你是唯一可以选择是否使用它的人。

接下来的练习改编自一项精巧的研究（Mc-Cullough，Root，& Cohen，2006），有利于学习原谅。与其考虑别人是如何伤害你的或者这段经历是多么痛苦，不如专注于其所产生的任何积极后果，即使这些后果是无意的或意外的。

往好的方面看

设置一个20分钟的计时器，写下某人是如何伤害你的，但要专注于积极的后果。或许你由于这个经历变得更坚强，或者发现了你拥有的自己不知道的优势。又或许你变得更聪明、更自信、更有同情心。或许你在强化积极关系中找到了支持，或者通过结束不健康关系获得了释放。你会以哪种方式变得更好或成为更好的人呢？将来会有什么好处？坦诚地写，可以表达愤怒、悲伤或任何其他负面情绪，但请将注意力引导到积极方面，记得呼吸，并专注于放下。与感激之情不同，说这些话对别人并没有帮助，只对你自己有好处。

◎ 彩虹般的积极情绪

幸福是有层次且复杂的，就像优质的葡萄酒一样。有很多方式可以体验到积极情绪，我们已经介绍了一些，如快乐、有意义和联结感等，但可能还有些你没想到的内容会对你的生活产生深远的积极影响。

敬畏和惊叹

想象自己站在海边，看着海浪从地平线之外未知的地方滚滚而来。想象自己凝视着夜空，黑暗中无数的星星像毯子一样飘浮着，让你立刻感觉自己既充满胆量又微不足道。想象自己在高山之上，积雪覆盖的山峰向远处退去，天空在你面前摊开，远处有一条奔涌的河流。

这些类型的景色很容易引发敬畏之心，并对你的心情产生强有力的影响。敬畏将你全然带入当下，并增强你的幸福感（Rudd，Vohs，& Aaker，2012）。这些类型的景色可以改善情绪并带来更大的联结感（Joye & Bolderdijk，2015），甚至可以帮助我们更好地应对失去（Koh，Tong，& Yuen，2017）。

敬畏之所以强大，是因为它使我们通过不断开拓超越自己的东西，来减少对自己的关注，这会导致前额叶皮层聚焦自我的区域活动减少（Ishizu & Zeki，2014）。与比自我更广阔的事物相联结，增加了生命的意义，甚至可能是精神层面的意义。实际上，许多针对精神的干预措施可以缓解压力和抑郁，甚至是成瘾（Gonçalves，Lucchetti，Menezes，& Vallada，2015）。

敬畏是一种有趣的情绪，因为它并不完全是积极的。它可能是令人愉快的、不舒服的和具有压倒性的，甚至囊括所有这些。虽然大多数强烈的情绪会激活战斗 – 逃跑的交感神经系统，但敬畏会同时激活使人平静的休息 – 消化的副交感神经系统（Chirico et al.，2017）。不过它也会加快你的呼吸（Shiota，Neufeld，Yeung，Moser，& Perea，2011），有时可能又会让你有点儿恐惧（Stellar et al.，2017）。总之，它既增添能量，又使人平静。

遗憾的是，患抑郁症时，我们很容易将任何强烈的情绪都解释为不好的。尝试带着那个情绪坐在那里，体验它本来的样子。强烈的情绪通常并不简单，但会为生活增添情趣。

以下是为你的生活增加更多敬畏感的一些建议：

- ☐ 看日出
- ☐ 仰望夜空
- ☐ 在线浏览令人叹为观止的图片
- ☐ 站在海边
- ☐ 参观国家公园
- ☐ 在家中或工作区张贴令人叹为观止的自然风景照片

☐ 住在能看到风景的酒店

☐ 去风景区徒步或自驾

☐ 欣赏宏伟建筑的建筑结构

☐ 参观画廊或雕塑公园

让自己沉浸在大自然中

敬畏感最常在大自然中体验到，比如约塞米蒂谷的壮丽之美、沙漠的荒凉之美。实际上，仅仅置身于大自然中，就可以降低压力水平，并激发良好的感觉。一项对许多研究的分析发现，接触大自然会引发积极情绪的大幅提升以及消极情绪的轻微减少（McMahan & Estes，2015）。大自然还可以使我们感觉与他人以及周围世界的联结更强（Joye & Bolderdijk，2015）。

沉浸在大自然中可以与本书中的许多其他建议结合起来，例如品味、正念或运动。例如，一项研究发现，与在城市环境中散步相比，在大自然中散步对积极情绪的影响更大（Berman et al.，2012）。

大自然对积极情绪、动机、幸福感的影响，不一定与你对大自然最初的联结感有关，也就是说，你不必非得是大自然爱好者才能体验到它带给你的好处（Passmore & Howell，2014）。你也不必非要去阿巴拉契亚小道[1]远足，体验大自然的一些小

[1] 美国最长的徒步旅行步道之一。——译者注

方法也是有益的。**你可以通过哪些方式更多地体验大自然？请在下面的清单中，找出你能采用的体验大自然的方法，并添加你自己的办法。**

- ☐ 坐在你家后院
- ☐ 去公园
- ☐ 露营
- ☐ 到树林里
- ☐ 坐在太阳地儿里
- ☐ 去上高尔夫课
- ☐ 远足
- ☐ 坐在湖边
- ☐ 背包徒步旅行
- ☐ 攀岩（在真正的岩石上）
- ☐ 高山滑雪
- ☐ 越野滑雪
- ☐ 雪鞋健行
- ☐ 户外野餐
- ☐ ____________________
- ☐ ____________________

在这里面选出一些去实施，标记在第 2 章的活动计划日历里或者你自己的日历上，然后去做吧！

依靠幽默

在大学时，我参加了即兴喜剧团的试镜，但是在两个不同的场合下两次被拒绝。即兴喜剧和神经科学隔行如隔山，我们都有自己擅长的领域。在一位朋友的朋友的建议下，我开始转做脱口秀。这位朋友的朋友后来成了深夜秀的编剧，他教了我说脱口秀的秘诀之一：当你想到有趣的东西时，把它写下来。

即使你不认为自己是一个有趣的人，也可能每天至少想到一件有趣的事，即便它只是对你而言很有趣。大多数人不会去注意那些事，只是让那些事从他们脑中一闪而过。然而，如果你对那些有趣的事投入更多关注，你实际上可以积累更多的幽默经验（Wellenzohn，Proyer，& Ruch，2016）。最重要的是，只是将更多幽默带入你的生活中，就可以减少抑郁症状，增加幸福感，并且这些效果可持续数月之久。

幽默是有益又有趣的，因此可以激活富含多巴胺的伏隔核以及产生多巴胺的脑干区域（Mobbs，Greicius，Abdel-Azim，Menon，& Reiss，2003）。此外，幽默可激活前额叶皮层的动机部分以及杏仁核（Bartolo，Benuzzi，Nocetti，Baraldi，& Nichelli，2006），这有助于维持前额叶皮层和边缘系统之间的重要平衡，对长期健康至关重要。以下两个练习是为了充分利用幽默对大脑的益处。

幽默练习 1

连续一周随身携带一个笔记本（或者你可以使用智能手机），在发生有趣的事时，把它写下来。它可能是一个有趣的事件、对话、观察或只是突然出现在你脑海中的一些小想法。

升级练习：将这些有趣的想法变成完整成熟的段子，并拿到开放麦[1]之夜去表演。

幽默练习 2

为你的生活添加更多幽默。这里有一些建议。

- ☐ 看搞笑的电视节目
- ☐ 去看喜剧表演
- ☐ 在线观看搞笑视频
- ☐ 看连环漫画
- ☐ 看搞笑电影
- ☐ 讲笑话或听笑话

你发现什么或谁很搞笑？你如何能使这些人或事在你的生活中占据更大的一部分？

---

[1] 脱口秀的一种形式，偏向于练习和打磨新段子。——译者注

◎ 总结

幽默、敬畏、感激和关怀都是开始正向循环的好方法，但这并不意味着它们总是很容易的。特别是，感激可能很难，因为要心怀感激，我们必须承认自己有需要被满足的欲望或需求。因此，心怀感激会自动暴露我们的脆弱性。

然而，接纳这种脆弱性对幸福至关重要。它只不过是生活中的事实，如果你不接受它，那么你将不断被它分散注意力。感激从这一方面表明了为什么它与同理心和我们对他人的经验密不可分。在认识到自己的需求和欲望时，我们会自动与他人的需求和欲望相联结。

将你的注意力引导到你心存感激的地方。如果你不觉得感激，请原谅自己，并带着关怀之心对待自己。放下对消极方面的关注很难，但这么做往往是前进的最佳方法。

凭借你自己的辛勤工作、偶然的运气、他人乃至整个宇宙所赐，你收获了这么多或大或小的美好的礼物。用这些礼物来支持自己，并逐渐发展成为更广阔的大我。在正向循环的发展过程中，通过对你所给予的心怀感激，而不仅是对你的所得心怀感激，你可以使正向循环得到进一步提高。

11

第 11 章

建立持续的正向循环

经过多年的研究，我逐渐了解到，对于抑郁症，没有一个绝对完美的大的解决方案，但是有很多小的办法。只需在想法、行动、社交和环境中进行一些小改变，就可以改变导致抑郁症的关键脑环路的活动和化学反应。有时候，小变化可能会产生大效果，尽管过程并不总是那么简单。

有时你可能会觉得你的大脑正在和你对着干，但还是要原谅它，因为这正是大脑进化出来以保护你的。当你对变化感到恐惧时，记住美国著名心理学家亚伯拉罕·马斯洛（Abraham

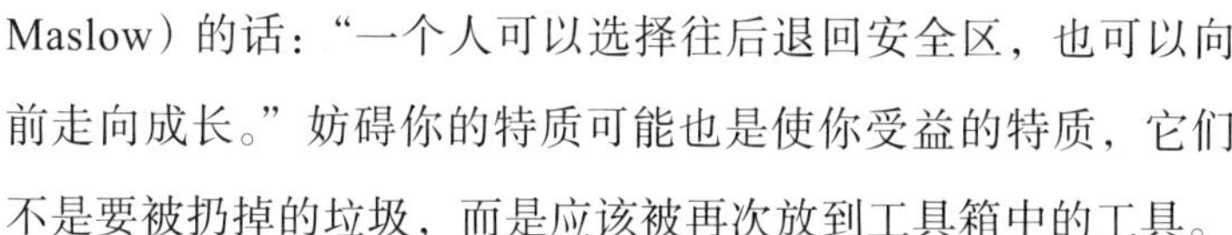

Maslow）的话：“一个人可以选择往后退回安全区，也可以向前走向成长。”妨碍你的特质可能也是使你受益的特质，它们不是要被扔掉的垃圾，而是应该被再次放到工具箱中的工具。

抑郁是一种糟糕的状况，做任何可能对你有帮助的事都很难。在这本书中，我问了你很多，如果你觉得力不从心，那也没关系，我的意思并不是想暗示你只能靠自己才能好转。整个领域的心理健康专业人员，他们的工作就是为你提供帮助。他们可以提供其他途径来助你一臂之力，那些是你自己做不到的。

对于许多抑郁症患者来说，药物治疗可能是其正向循环的一部分。大约40%的抑郁症患者在服药几个月后会完全好转。如果你是其中的一员，药物治疗是最简单的前进道路。问题在于，科学还不知道如何提前分辨出你是不是其中的一员。

此外，还有神经调节疗法，例如经颅磁刺激（transcranial magnetic stimulation，TMS）或电休克疗法（electroconvulsive therapy，ECT），在这些方法中，神经环路分别通过磁刺激或电刺激被直接调节。事实证明，有许多形式的心理治疗可以有效地治疗抑郁症。实际上，本书从它们当中汲取了许多建议。

药物治疗、神经调节疗法、心理治疗，这些不同的方法，都有助于改变导致抑郁或焦虑的关键脑环路中的活动和化学反应。所有这些治疗方法都是通过调节整本书中强调的脑区和化学物质来起作用的。不同人的大脑对某一种疗法，比对另一种疗法（或多种疗法的结合）的反应更快。

不管怎样，为帮助自己变得更好而采取行动都是至关重要的。抑郁症的专业治疗在你的参与下效果更好，你的医生不是向你施法的巫师，而是你康复过程中的协作者。即使在医疗机构中也是一样，你对治疗的参与度越高，你的情况就会越好（Clever et al.，2006）。

如果你对抑郁或焦虑的状态感到不满意，请联系心理健康专家，预约时间。你不用非得服用药物或进行其他你可能不想要的治疗。如果你的治疗师或医生不能帮助你感到被赋予力量，那就换一位。总之请记住，你不必自己弄清楚这一切，那是专家该干的事。

◎ 旅程仍在继续

这本书差不多要结束了，但是你的旅程仍在继续。几天、几周或几个月可能感觉很好，但有时候，抑郁症可能又会威胁压垮你。目前还没有明确的、可预测的战胜抑郁的途径。

然而即使在抑郁中，也有可能找到意义；即使在抑郁中，也可能找到幸福和联结；即使在抑郁中，也有可能朝着有价值的目标迈进。抑郁症可能会时好时坏，但这不受你直接控制。继续在你的路上前进，相信自己、相信科学、相信宇宙，继续前进。

花点儿时间回顾一下你到目前为止所完成的旅程。就像爬

山一样，在登顶之前，注意力都集中在闪闪发光的山峰和你必须爬多远。如果这是有激励性的，那也没问题。但有时候停下来喘口气，看看下面的黑暗山谷，也是很重要的。即使你可能还有更长的路要走，你仍然可以欣赏自己已经走了多远。

当你继续生活在这个世界上时，请记住，你并不是破碎的。你拥有充满奇迹的大脑，但不巧，它也有可能使你偶尔被困在抑郁状态里。当你感到焦虑时，那只是杏仁核在对潜在危险发出信号；当你感到身体或情绪上的疼痛时，那只是前扣带回在向你讲述与你的旅程有关的事情；当你陷入担忧的循环时，那只是前额叶皮层还在寻找如何处理焦虑的解决方案；当你感到失败时，那只是背侧纹状体多年来反复习得的一种情感习惯，但它仍有可能被重新训练。

你不能真的去责怪这些大脑区域和化学物质，大脑是慢慢进化出这些功能的。你只能带着它们一起生活，并学习如何更好地为它们提供所需的东西。在抑郁时，就像冲浪，你的目标不应该是避开浪潮或停止浪潮，而应该是去乘风破浪。

如果前路看起来太困难，而且似乎没有可以继续下去的办法，也没关系。你无须一次解决所有问题，你总是可以迈出一小步的，它不一定是最好的决定，只需要比另外的选项更好即可。

只需迈出一小步来强化你的大脑，这将使下一步变得更容易。无论是依靠他人来舒缓大脑的情绪环路，还是通过活动身体来增加血清素，都有机会创造一条新的前进道路。

致　谢

为了利用感激的力量，我要向以大大小小的方式帮助我写这本书的许多人表达我深深的谢意。首先，感谢与我讨论过关于大脑、幸福或富有意义等话题的所有朋友，你们可能没有意识到自己正在帮助我写书，但是仍然谢谢你们。接下来，我要感谢我在加州大学洛杉矶分校的科研导师、支持者和同事：Mark Cohen、Alexander Bystritsky、Martin Monti、Andy Leuchter、Ian Cook、Michelle Abrams、Bob Bilder、Andrew Fuligni、Wendy Slusser 和 Peter Whybrow。Elizabeth Hollis Hansen、Vicraj Gill、Brady Kahn 和 Jill Marsal 帮助这本书成为现实。感谢我的家人给予我爱和鼓励，尤其是我的母亲 Regina Pally，提供了她的临床和神经科学专业知识。感谢加州大学洛杉矶分校正念意识研究中心的 Marv Belzer 分享了他对正念练习的热情和知识。还要感谢 Aimee Hunter、Dara Gharameni 和 Joey Cooper 的宝贵录入和编辑。感谢布伦熊极限女性社团（Bruin Ladies Ultimate）激励我读研。感谢我的妻

子 Elizabeth 给我的爱、支持和熟练的编辑。感谢 Zoe 使我的生活变得更重要，睡眠也变得更少。

最后，我要对 Billi Gordon 博士表示感谢，谨以此书向他致敬。他是我见过的最有趣的人，他出身贫穷，后来到了好莱坞，再到学习神经科学，一次次跨越自我，超越了大多数人永远不会面对的挑战。我们做了 14 年的朋友和同事，他的精神将永远与我同在。

参考文献

前言

Lebowitz, M. S., & Ahn, W. K. (2012). Combining biomedical accounts of mental disorders with treatability information to reduce mental illness stigma. *Psychiatric Services, 63*(5), 496–499.

Lebowitz, M. S., & Ahn, W. K. (2015). Emphasizing malleability in the biology of depression: Durable effects on perceived agency and prognostic pessimism. *Behaviour Research and Therapy*, 71, 125–130.

第 1 章

Avery, J. A., Drevets, W. C., Moseman, S. E., Bodurka, J., Barcalow, J. C., & Simmons, W. K. (2014). Major depressive disorder is associated with abnormal interoceptive activity and functional connectivity in the insula. *Biological Psychiatry, 76*(3), 258–266.

Baur, V., Hänggi, J., Langer, N., & Jäncke, L. (2013). Resting-state functional and structural connectivity within an insula-amygdala route specifically index state and trait anxiety. *Biological Psychiatry, 73*(1), 85–92.

Ichesco, E., Quintero, A., Clauw, D. J., Peltier, S., Sundgren, P. M.,

Gerstner, G. E., & Schmidt-Wilcke, T. (2012). Altered functional connectivity between the insula and the cingulate cortex in patients with temporomandibular disorder: A pilot study. *Headache, 52*(3), 441–454.

Lamers, F., van Oppen, P., Comijs, H. C., Smit, J. H., Spinhoven, P., van Balkom, A. J., ... Penninx, B. W. (2011). Comorbidity patterns of anxiety and depressive disorders in a large cohort study: The Netherlands Study of Depression and Anxiety (NESDA). *Journal of Clinical Psychiatry, 72*(3), 341–348.

Lebowitz, M. S., & Ahn, W. K. (2015). Emphasizing malleability in the biology of depression: Durable effects on perceived agency and prognostic pessimism. *Behaviour Research and Therapy*, 71, 125–130.

Lieberman, M.D., Eisenberger, N.I., Crockett, M. J., Tom, S. M., Pfeifer, J. H., & Way, B. M. (2007). Putting feelings into words: Affect labeling disrupts amygdala activity in response to affective stimuli. *Psychological Science, 18*(5), 421–428.

Lyubomirsky, S. (2008). *The how of happiness: A scientific approach to getting the life you want*. New York: Penguin Press.

Miller, C.W.T. (2017). Epigenetic and neural circuitry landscape of psychotherapeutic interventions. *Psychiatry Journal, 2017*, article 5491812.

第 2 章

Dichter, G. S., Felder, J. N., Petty, C., Bizzell, J. Ernst, M., & Smoski, M. J. (2009). The effects of psychotherapy on neural responses to rewards in major depression. *Biological Psychiatry, 66*(9): 886–897.

Ochsner, K.N., Ray, R.D., Cooper, J. C., Robertson, E. R., Chopra, S., Gabrieli, J. D., & Gross, J. J. (2004). For better or for worse: Neural systems supporting the cognitive down- and up-regulation of negative emotion. *Neuroimage, 23*(2): 483–499.

第 3 章

Boecker, H., Sprenger, T., Spilker, M. E., Henriksen, G., Koppenhoefer, M., Wagner, K. J., ... Tolle, T. R. (2008). The runner's high: Opioidergic mechanisms in the human brain. *Cerebral Cortex, 18*(11), 2523–2531.

Butler, R. N. 1978. Public interest report no. 23: Exercise, the neglected therapy. *The International Journal of Aging and Human Development 8*(2): 193–195.

Buxton, O. M., Lee, C. W., L'Hermite-Baleriaux, M., Turek, F. W., & Van Cauter, E. (2003). Exercise elicits phase shifts and acute alterations of melatonin that vary with circadian phase. *American Journal of Physiology. Regulatory, Integrative and Comparative Physiology, 284*(3), R714–R724.

Frazao, D. T., de Farias Junior, L. F., Batista Dantas, T. C. B., Krinski, K., Elsangedy, H. M., Prestes, J., ... Costa, E. C. (2016). Feeling of pleasure to high-intensity interval exercise is dependent of the number of work bouts and physical activity status. *PLoS One, 11*(3), e0152752.

Greenwood, B. N., Foley, T. E., Le, T. V., Strong, P. V., Loughridge, A. B., Day, H. E., & Fleshner, M. (2011). Long-term voluntary wheel running is rewarding and produces plasticity in the mesolimbic reward pathway. *Behavioural Brain Research, 217*(2), 354–362.

Hansen, C. J., Stevens, L. C., & Coast, J. R. 2001. Exercise duration and mood state: How much is enough to feel better? *Health Psychology, 20*(4): 267–275.

Helgadóttir, B., Hallgren, M., Ekblom, O., & Forsell, Y. 2016. Training fast or slow? Exercise for depression: A randomized controlled trial. *Preventive Medicine, 91*, 123–131.

Jacobs, B. L., & Fornal, C. A. (1999). Activity of serotonergic neurons in behaving animals. *Neuropsychopharmacology, 21*(2 Suppl), 9S–15S.

Janse Van Rensburg, K., Taylor, A., Hodgson, T., & Benattayallah, A. (2009). Acute exercise modulates cigarette cravings and brain activation in response to smoking-related images: An fMRI study.

Psychopharmacology, 203(3), 589–598.

Karageorghis, C. I., Mouzourides, D. A., Priest, D. L., Sasso, T. A., Morrish, D. J., & Walley, C. J. (2009). Psychophysical and ergogenic effects of synchronous music during treadmill walking. *Journal of Sport and Exercise Psychology, 31*(1), 18–36.

Melancon, M. O., Lorrain, D., & Dionne, I. J. (2014). Changes in markers of brain serotonin activity in response to chronic exercise in senior men. *Applied Physiology, Nutrition, and Metabolism, 39*(11), 1250–1256.

Nabkasorn, C., Miyai, N., Sootmongkol, A., Junprasert, S., Yamamoto, H., Arita, M., & Miyashita, K. (2006). Effects of physical exercise on depression, neuroendocrine stress hormones and physiological fitness in adolescent females with depressive symptoms. *European Journal of Public Health, 16*(2), 179–184.

Olson, A.K., Eadie, B.D., Ernst, C., & Christie, B. R. (2006). Environmental enrichment and voluntary exercise massively increase neurogenesis in the adult hippocampus via dissociable pathways. *Hippocampus, 16*(3), 250–260.

Rethorst, C. D., & Trivedi, M. H. (2013). Evidence-based recommendations for the prescription of exercise for major depressive disorder. *Journal of Psychiatric Practice, 19*(3), 204–212.

Schachter, C. L., Busch, A. J., Peloso, P. M., & Sheppard, M. S. 2003. Effects of short versus long bouts of aerobic exercise in sedentary women with fibromyalgia: A randomized controlled trial. *Physical Therapy, 83*(4), 340–358.

Sparling, P. B., Giuffrida, A., Piomelli, D., Rosskopf, L., & Dietrich, A. (2003). Exercise activates the endocannabinoid system. *Neuroreport, 14*(17), 2209–2211.

第4章

Bernardi, L., Porta, C., Casucci, G., Balsamo, R., Bernardi, N. F., Fogari, R., & Sleight, P. (2009). Dynamic interactions between musical, cardiovascular, and cerebral rhythms in humans. *Circulation, 119*(25), 3171–3180.

Blood, J. D., Wu, J., Chaplin, T. M., Hommer, R., Vazquez, L., Rutherford, H. J., ... Crowley, M. J. (2015). The variable heart: High frequency and very low frequency correlates of depressive symptoms in children and adolescents. *Journal of Affective Disorders, 186*, 119–126.

Blood, A. J., & Zatorre, R. J. (2001). Intensely pleasurable responses to music correlate with activity in brain regions implicated in reward and emotion. *Proceedings of the National Academy of Sciences, 98*(20), 11818–11823.

Chen, Y.F., Huang, X.Y., Chien, C. H., & Cheng, J. F. (2017). The effectiveness of diaphragmatic breathing relaxation training for reducing anxiety. *Perspectives in psychiatric care, 53*(4), 329–336.

Coles, N., Larsen, J., & Lench, H. (2017). A meta-analysis of the facial feedback hypothesis literature. PsyArXiv preprint.

Cramer, H., Lauche, R., Langhorst, J., & Dobos, G. (2013). Yoga for depression: A systematic review and metae relaxation. *Depression and Anxiety, 30*(11), 1068–1083.

Crowther, J. H. (1983). Stress management training and relaxation imagery in the treatment of essential hypertension. *Journal of Behavioral Medicine, 6*(2), 169–187.

de Manincor, M., Bensoussan, A., Smith, C. A., Barr, K. Schweickle, M., Donoghoe, L. L., ... Fahey, P. (2016). Individualized yoga for reducing depression and anxiety, and improving well-being. A randomized controlled trial. *Depression and Anxiety, 33*(9), 816–828.

Eda, N., Ito, H., Shimizu, K., Suzuki, S., Lee, E., & Akama, T. (2018). Yoga stretching for improving salivary immune function and mental stress in middle-aged and older adults. *Journal of Women and Aging, 30*(3), 227–241.

Essa, R.M., Ismail, N. I. A. A., & Hassan, N. I. (2017). Effect of progressive muscle relaxation technique on stress, anxiety, and depression after hysterectomy. *Journal of Nursing Education and Practice, 7*(7), 77.

Fung, C.N., & White, R. (2012). Systematic review of the effectiveness of relaxation training for depression. International *Journal of Applied Psychology, 2*(2), 8–16.

Jacobson, E. (1925). Progressive relaxation. *The American Journal of Psycholog y, 36*, 73–87.

Janssen, C.W., Lowry, C.A., Mehl, M. R., Allen, J. J., Kelly, K. L., Gartner, D. E., ... Raison, C. L. (2016). Whole-body hyperthermia for the treatment of major depressive disorder: A randomized clinical trial. *JAMA Psychiatry, 73*(8), 789–795.

Kato, K., & Kanosue, K. (2018). Motor imagery of voluntary muscle relaxation of the foot induces a temporal reduction of corticospinal excitability in the hand. *Neuroscience Letters, 668*, 67–72.

Knight, W. E., & Rickard, N. S. (2001). Relaxing music prevents stress-induced increases in subjective anxiety, systolic blood pressure, and heart rate in healthy males and females. *Journal of Music Therapy, 38*(4), 254–272.

Kobayashi, S., & Koitabashi, K. (2016). Effects of progressive muscle relaxation on cerebral activity: an fMRI investigation. *Complementary Therapies in Medicine, 26*, 33–39.

Ma, X., Yue, Z.-Q., Gong, Z. Q., Zhang, H., Duan, N. Y., Shi, Y. T., ... Li, Y. F. (2017). The effect of diaphragmatic breathing on attention, negative affect and stress in healthy adults. *Frontiers in Psychology, 8*, 874.

Marzoli, D., Custodero, M., Pagliara, A., & Tommasi, L. (2013). Sun-induced frowning fosters aggressive feelings. *Cognition and Emotion, 27*(8), 1513–1521.

Michalak, J., Mischnat, J., & Teismann, T. (2014). Sitting posture makes a difference-embodiment effects on depressive memory bias. *Clinical Psychology and Psychotherapy, 21*(6), 519–524.

Nakahara, H., Furuya, S., Obata, S., Masuko, T., & Kinoshita, H. (2009). Emotion-related changes in heart rate and its variability during performance and perception of music. *Annals of the New York Academy of Sciences, 1169*(1), 359–362.

Nilsson, U. (2009). Soothing music can increase oxytocin levels during bed rest after open-heart surgery: A randomised control trial. *Journal of Clinical Nursing, 18*(15), 2153–2161.

Peña, J., & Chen, M. (2017). Playing with power: Power poses affect enjoyment, presence, controller responsiveness, and arousal when playing natural motion-controlled video games. *Computers in Human Behavior, 71*, 428–435.

Russell, M. E., Scott, A. B., Boggero, I. A., & Carlson, C. R. (2017). Inclusion of a rest period in diaphragmatic breathing increases high frequency heart rate variability: Implications for behavioral therapy. *Psychophysiolog y, 54*(3), 358–365.

Shapiro, D., & Cline, K. (2004). Mood changes associated with Iyengar yoga practices: A pilot study. *International Journal of Yoga Therapy, 14*(1), 35–44.

Smith, K. M., & Apicella, C. L. (2017). Winners, losers, and posers: The effect of power poses on testosterone and risk-taking following competition. *Hormones and Behavior, 92*, 172–181.

Streeter, C.C., Gerbarg, P.L., Saper, R. B., Ciarulo, D. A., & Brown, R. P. (2012). Effects of yoga on the autonomic nervous system, gamma-aminobutyric-acid, and allostasis in epilepsy, depression, and posttraumatic stress disorder. *Medical Hypotheses, 78*(5), 571–579.

Thibault, R. T., Lifshitz, M., Jones, J. M., & Raz, A. (2014). Posture alters human resting-state. *Cortex, 58*, 199–205.

Törnberg, D., Marteus, H., Schedin, U., Alving, K., Lundberg, J. O., Weitzberg, E. (2002). Nasal and oral contribution to inhaled and exhaled nitric oxide: A study in tracheotomized patients. *The European Respiratory Journal, 19*(5), 859–864.

Tsai, H.-Y., Peper, E., & Lin, I.-M. (2016). EEG patterns under positive/negative body postures and emotion recall tasks. *NeuroRegulation, 3*(1),

23–27.

Villemure, C., Čeko, M., Cotton, V. A., & Bushnell, M. C. (2014). Insular cortex mediates increased pain tolerance in yoga practitioners. *Cerebral Cortex, 24*(10), 2732–2740.

Villemure, C., Čeko, M., Cotton, V. A., & Bushnell, M. C. (2015). Neuroprotective effects of yoga practice: Age-, experience-, and frequency-dependent plasticity. *Frontiers in Human Neuroscience, 9*, 281.

Wilkes, C., Kydd, R., Sagar, M., & Broadbent, E. (2017). Upright posture improves affect and fatigue in people with depressive symptoms. *Journal of Behavior Therapy and Experimental Psychiatry, 54*, 143–149.

第 5 章

Altena, E., Van Der Werf, Y. D., Sanz-Arigita, E. J., Voorn, T. A., Rombouts, S. A., Kuijer, J. P., & Van Someren, E. J. (2008). Prefrontal hypoactivation and recovery in insomnia. *Sleep, 31*(9), 1271–1276.

Campbell, C. M., Bounds, S. C., Kuwabara, H., Edwards, R. R., Campbell, J. N., Haythornthwaite, J. A., & Smith, M. T. (2013). Individual variation in sleep quality and duration is related to cerebral mu opioid receptor binding potential during tonic laboratory pain in healthy subjects. *Pain Medicine, 14*(12), 1882–1892.

Kim, Y., Chen, L., McCarley, R. W., & Strecker, R. E. (2013). Sleep allostasis in chronic sleep restriction: The role of the norepinephrine system. *Brain Research, 1531*, 9–16.

Lopresti, A. L., Hood, S. D., & Drummond, P. D. (2013). A review of lifestyle factors that contribute to important pathways associated with major depression: Diet, sleep and exercise. *Journal of Affective Disorders, 148*(1), 12–27.

Meerlo, P., Havekes, R., & Steiger, A. (2015). Chronically restricted or disrupted sleep as a causal factor in the development of depression. *Current Topics in Behavioral Neurosciences, 25*, 459–481.

Memarian, N., Torre, J. B., Halton, K. E., Stanton, A. L., & Lieberman,

M. D. (2017). Neural activity during affect labeling predicts expressive writing effects on well-being: GLM and SVM approaches. *Social Cognitive and Affective Neuroscience, 12*(9), 1437–1447.

Perlis, M. L., Jungquist, C., Smith, M. T., & Posner, D. (2006). *Cognitive behavioral treatment of insomnia: A session-by-session guide*. New York: Springer-Verlag.

Roehrs, T., Hyde, M., Blaisdell, B., Greenwald, M., & Roth, T. (2006). Sleep loss and REM sleep loss are hyperalgesic. *Sleep, 29*(2), 145–151.

Scullin, M. K., Krueger, M. L., Ballard, H. K., Pruett, N., & Bliwise, D. L. (2018). The effects of bedtime writing on difficulty falling asleep: A polysomnographic study comparing to-do lists and completed activity lists. *Journal of Experimental Psycholog y: General, 147*(1), 139–146.

Sivertsen, B., Salo, P., Mykeltun, A., Hysing, M., Pallesen, S., Krokstad, S., ... Øverland, S. (2012). The bidirectional association between depression and insomnia: The HUNT study. *Psychosomatic Medicine, 74*(7), 758–765.

St-Onge, M. P., Wolfe, S., Sy, M., Shechter, A., & Hirsch, J. (2014). Sleep restriction increases the neuronal response to unhealthy food in normal-weight individuals. *International Journal of Obesity, 38*(3), 411–416.

Strand, L. B., Tsai, M. K., Gunnell, D., Janszky, I., Wen, C. P., & Chang, S. S. (2016). Self-reported sleep duration and coronary heart disease mortality: A large cohort study of 400,000 Taiwanese adults. *International Journal of Cardiology, 207*, 246–251.

Wierzynski, C. M., Lubenov, E. V., Gu, M., & Siapas, A. G. (2009). State-dependent spike-timing relationships between hippocampal and prefrontal circuits during sleep. *Neuron, 61*(4), 587–596.

Xie, L., Kang, H., Xu, Q., Chen, M. J., Liao, Y., Thiyagarajan, M., ··· Nedergaard, M. (2013). Sleep drives metabolite clearance from the adult brain. *Science, 342*(6156), 373–377.

第6章

Aydin, N., Krueger, J. I., Fischer, J., Hahn, D., Kastenmüller, A., Frey, D., & Fischer, P. (2012). "Man's best friend": How the presence of a dog reduces mental distress after social exclusion. *Journal of Experimental Social Psycholog y, 48*(1), 446–449.

Cruwys, T., Dingle, G. A., Haslam, C., Haslam, S. A., Jetten, J., & Morton, T. A. (2013). Social group memberships protect against future depression, alleviate depression symptoms and prevent depression relapse. *Social Science and Medicine, 98*, 179–186.

Cruwys, T., Haslam, S. A., Dingle, G. A., Jetten, J., Hornsey, M. J., Desdemona Chong, E. M., & Oei, T. P S. (2014). Feeling connected again: Interventions that increase social identification reduce depression symptoms in community and clinical settings. *Journal of Affective Disorders, 159*, 139–146.

Dingle, G. A., Stark, C., Cruwys, T., & Best, D. (2015). Breaking good: Breaking ties with social groups may be good for recovery from substance misuse. *British Journal of Social Psychology, 54*(2), 236–254.

Eisenberger, N. I., Jarcho, J. M., Lieberman, M. D., & Naliboff, B. D. (2006). An experimental study of shared sensitivity to physical pain and social rejection. *Pain, 126*(1–3), 132–138.

Greenaway, K. H., Haslam, S. A., Cruwys, T., Branscombe, N. R., Ysseldyk, R., & Heldreth, C. (2015). From "we" to "me": Group identification enhances perceived personal control with consequences for health and well-being. *Journal of Personality and Social Psychology, 109*(1), 53–74.

Grewen, K. M., Girdler, S. S., Amico, J., & Light, K. C. (2005). Effects of partner support on resting oxytocin, cortisol, norepinephrine, and blood pressure before and after warm partner contact. *Psychosomatic Medicine, 67*(4), 531–538.

Karremans, J. C., Heslenfeld, D. J., van Dillen, L. F., & Van Lange, P. A. (2011). Secure attachment partners attenuate neural responses to social exclusion: An fMRI investigation. *International Journal of Psychophysiology, 81*(1), 44–50.

Kim, J.-W., Kim, S.-E., Kim, J. J., Jeong, B., Park, C. H., Son, A. R., ... Ki, S. W. (2009). Compassionate attitude towards others' suffering activates the mesolimbic neural system. *Neuropsychologia, 47*(10): 2073–2081.

Kumar, P., Waiter, G. D., Dubois, M., Milders, M., Reid, I., & Steele, J. D. (2017). Increased neural response to social rejection in major depression. *Depression and Anxiety, 34*(11), 1049–1056.

Masi, C. M., Chen, H.-Y., Hawkley, L. C., & Cacioppo, J. T. (2011). A meta-analysis of interventions to reduce loneliness. *Personality and Social Psycholog y Review, 15*(3), 219–266.

Masten, C. L., Eisenberger, N. I., Borofsky, L. A., McNealy, K., Pfeifer, J. H., & Dapretto M. (2011). Subgenual anterior cingulate responses to peer rejection: A marker of adolescents' risk for depression. *Development and Psychopatholog y, 23*(1), 283–292.

McQuaid, R. J., McInnis, O. A., Abizaid, A., & Anisman, H. (2014). Making room for oxytocin in understanding depression. *Neuroscience and Biobehavioral Reviews, 45*, 305–322.

Park, S. Q., Kahnt, T., Dogan, A., Strang, S., Fehr, E., & Tobler, P. N. (2017). A neural link between generosity and happiness. *Nature Communications, 8*, article 15964.

Przybylski, A. K., & Weinstein, N. (2013). Can you connect with me now? How the presence of mobile communication technology influences face-to-face conversation quality. *Journal of Social and Personal Relationships, 30*(3), 237–246.

Seymour-Smith, M., Cruwys, T., Haslam, S. A., & Brodribb, W. (2017). Loss of group memberships predicts depression in postpartum mothers. *Social Psychiatry and Psychiatric Epidemiolog y, 52*(2), 201–210.

Sherman, L. E., Michikyan, M., & Greenfield, P. M. (2013). The effects

of text, audio, video, and in-person communication on bonding between friends. *Cyberpsycholog y: Journal of Psychosocial Research on Cyberspace, 7*(2), article 3.

Stone, D., Patton, B. & Heen, S. (2010). *Difficult conversations: How to discuss what matters most* (Updated ed.) New York: Penguin Books.

van Winkel, M., Wichers, M., Collip, D., Jacobs, N., Derom, C., Thiery, E. ... Peeters, F. (2017). Unraveling the role of loneliness in depression: The relationship between daily life experience and behavior. *Psychiatry, 80*(2), 104–117.

第 7 章

Alexander, L. F., Oliver, A., Burdine, L. K., Tang, Y. & Dunlop, B. W. (2017). Reported maladaptive decision-making in unipolar and bipolar depression and its change with treatment. *Psychiatry Research, 257*: 386–392.

Barth, J., Munder, T., Gerger, H., Nüesch, E., Trelle, S., Znoj, H., ... Cuijpers, P. (2013). Comparative efficacy of seven psychotherapeutic interventions for patients with depression: A network meta-analysis. *PLoS Med, 10*(5): e1001454.

Bruine de Bruin, W., Parker, A.M., & Strough, J. (2016). Choosing to be happy? Age differences in "maximizing" decision strategies and experienced emotional well-being. *Psychology and Aging, 31*(3): 295–300.

Creswell, J. D., Welch, W. T., Taylor, S. E., Sherman, D. K., Gruenewald, T. L., & Mann, T. (2005). Affirmation of personal values buffers neuroendocrine and psychological stress responses. *Psychological Science, 16*(11): 846–851.

Etkin, J., & Mogilner, C. (2016). Does variety among activities increase happiness? *Journal of Consumer Research, 43*(2): 210–229.

Leykin, Y., Roberts, C. S., & DeRubeis, R. J. (2011). Decision-making and depressive symptomatology. *Cognitive Therapy and Research, 35*(4): 333–341.

Loveday, P. M., Lovell, G. P., & Jones, C. M. (2016). The best possible selves intervention: A review of the literature to evaluate efficacy and guide future research. *Journal of Happiness Studies, 19*(2): 607–628.

Luo, Y., Chen, X., Qi, S., You, X, & Huang, X. (2018). Well-being and anticipation for future positive events: Evidences from an fMRI study. *Frontiers in Psychology, 8*: 2199.

Rogers, R. D. (2011). The roles of dopamine and serotonin in decision making: Evidence from pharmacological experiments in humans. *Neuropsychopharmacology, 36*(1): 114–132.

第 8 章

Fledderus, M., Bohlmeijer, E. T., Pieterse, M. E., & Schreurs, K. M. (2012). Acceptance and commitment therapy as guided self-help for psychological distress and positive mental health: A randomized controlled trial. *Psychological Medicine, 42*(3), 485–495.

Goldberg, S. B., Tucker, R. P., Greene, P. A., Davidson, R. J., Wampold, B. E., Kearney, D. J., & Simpson, T. L. (2017). Mindfulness-based interventions for psychiatric disorders: A systematic review and metaanalysis. *Clinical Psychology Review 59*, 52–60.

Gotink, R. A., Meijboom, R., Vernooij, M. W., Smits, M., & Hunink, M. G. (2016). 8-week mindfulness based stress reduction induces brain changes similar to traditional long-term meditation practice: A systematic review. *Brain and Cognition, 108*, 32–41.

Joiner, T. (2017). *Mindlessness: The corruption of mindfulness in a culture of narcissism*. Oxford, UK: Oxford University Press.

Kirk, U., & Montague, P. R. (2015). Mindfulness meditation modulates reward prediction errors in a passive conditioning task. *Frontiers in Psychology,* 6, 90.

Kuyken, W., Warren, F. C., Taylor, R. S., Whalley, B., Crane, C., Bondolfi, G., ... Dalgleish, T. (2016). Efficacy of mindfulness-based cognitive

therapy in prevention of depressive relapse: An individual patient data meta-analysis from randomized trials. *JAMA Psychiatry, 73*(6), 565–574.

Lieberman, M. D., Eisenberger, N. I., Crockett, M. J., Tom, S. M., Pfeifer, J. H., & Way, B. M. (2007). Putting feelings into words: Affect labeling disrupts amygdala activity in response to affective stimuli. *Psychological Science, 18*(5): 421–428.

Lindsay, E. K., Young, S., Smyth, J. M., Brown, K. W., & Creswell, J. D. (2018). Acceptance lowers stress reactivity: Dismantling mindfulness training in a randomized controlled trial. *Psychoneuroendocrinology, 87*, 63–73.

Mrazek, M. D., Franklin, M. S., Phillips, D. T., Baird, B., & Schooler, J. W. (2013). Mindfulness training improves working memory capacity and GRE performance while reducing mind wandering. *Psychological Science, 24*(5), 776–781.

Posner, M. I., Tang, Y.-Y., & Lynch, G. (2014). Mechanisms of white matter change induced by meditation training. *Frontiers in Psycholog y, 5*, 1220.

Salomons, T. V., Johnstone, T., Backonja, M. M., Shackman, A. J., & Davidson, R. J. (2007). Individual differences in the effects of perceived controllability on pain perception: Critical role of the prefrontal cortex. *Journal of Cognitive Neuroscience, 19*(6), 993–1003.

Strauss, C., Cavanagh, K., Oliver, A., & Pettman, D. (2014). Mindfulness-based interventions for people diagnosed with a current episode of an anxiety or depressive disorder: A meta-analysis of randomised controlled trials. *PLoS One, 9*(4), e96110.

Tang, Y.-Y., Hölzel, B. K., & Posner, M. I. (2015). The neuroscience of mindfulness meditation. *Nature Reviews Neuroscience, 16*(4), 213–225.

Visted, E., Sørensen, L., Osnes, B., Svendsen, J. L., Binder, P. E., & Schanche, E. (2017). The association between self-reported difficulties in emotion regulation and heart rate variability: The salient role of not accepting negative emotions. *Frontiers in Psycholog y, 8*, 328.

Wiech, K., Kalisch, R., Weiskopf, N., Pleger, B., Stephan, K. E., & Dolan, R. J. (2006). Anterolateral prefrontal cortex mediates the analgesic effect of expected and perceived control over pain. *The Journal of Neuroscience, 26*(44), 11501–11509.

Wilson, T. D., Reinhard, D. A., Westgate, E. C., Gilbert, D. T., Ellerbeck, N., Hahn, C., … & Shaked, A. (2014). Just think: The challenges of the disengaged mind. *Science, 345*(6192), 75–77.

Winnebeck, E., Fissler, M., Gärtner, M., Chadwick, P., & Barnhofer, T. (2017). Brief training in mindfulness meditation reduces symptoms in patients with a chronic or recurrent lifetime history of depression: A randomized controlled study. *Behavior Research and Therapy, 99*, 124–130.

Young, K. S., van der Velden, A. M., Craske, M. G., Pallesen, K. J., Fjorback, L., Roepstorff, A., & Parsons, C. E. (2018). The impact of mindfulness-based interventions on brain activity: A systematic review of functional magnetic resonance imaging studies. *Neuroscience and Biobehavioral Reviews, 84*, 424–433.

Zeidan, F., Johnson, S. K., Gordon, N. S., & Goolkasian, P. (2010). Effects of brief and sham mindfulness meditation on mood and cardiovascular variables. *Journal of Alternative and Complementary Medicine, 16*(8), 867–873.

Zeidan, F., Martucci, K. T., Kraft, R. A., McHaffie, J. G., & Coghill, R. C. (2014). Neural correlates of mindfulness meditation-related anxiety relief. *Social Cognitive and Affective Neuroscience, 9*(6), 751–759.

第 9 章

Carnegie, D. (2010). *How to win friends and influence people*. New York: Pocket Books.

Dutcher, J. M., Creswell, J. D., Pacilio, L. E., Harris, P. R., Klein, W. M., Levine, J. M., ... Eisenberger, N. I. (2016). Self-affirmation

activates the ventral striatum: A possible reward-related mechanism for selfaffirmation. *Psychological Science, 27*(4): 455–466.

Epton, T., Harris, P. R., Kane, R., van Koningsbruggen, G. M., & Sheeran, P. (2015). The impact of selfaffirmation on health-behavior change: A meta-analysis. *Health Psycholog y, 34*(3): 187–196.

Felitti, V. J., Jakstis, K., Pepper, V., & Ray, A. (2010). Obesity: problem, solution, or both? *The Permanente Journal, 14*(1): 24–30.

Foster, J.A., & McVey Neufeld, K.-A. (2013). Gut–brain axis: How the microbiome influences anxiety and depression. *Trends in Neurosciences, 36*(5): 305–312.

Gallwey, T. W. (1997) *The inner game of tennis* (Rev. ed.). New York: Random House.

Jacka, F. N., Kremer, P. J., Berk, M., de Silva-Sanigorski, A. M., Moodie, M., Leslie, E. R., ... Swinburn, B. A. (2011). A prospective study of diet quality and mental health in adolescents. *PLoS One, 6*(9), e24805.

Jacka, F. N., O'Neil, A., Opie, R., Itsiopoulos, C., Cotton, S., Mohebbi, M., ... Berk, M. (2017). A randomised controlled trial of dietary improvement for adults with major depression (the "SMILES" trial). *BMC Medicine, 15*(1): 23.

Kuroda, A., Tanaka, T., Hirano, H., Ohara, Y., Kikutani, T., Furuya, H., ... Iijima, K. (2015). Eating alone as social disengagement is strongly associated with depressive symptoms in Japanese communitydwelling older adults. *Journal of the American Medical Directors Association, 16*(7): 578–585.

Longe, O., Maratos, F. A., Gilbert, P., Evans, G., Volker, F., Rockliff, H., & Rippon, G. (2010). Having a word with yourself: Neural correlates of self-criticism and self-reassurance. *Neuroimage, 49*(2), 1849–1856.

Rada, P., Avena, N., & Hoebel, B. (2005). Daily bingeing on sugar repeatedly releases dopamine in the accumbens shell. *Neuroscience, 134*(3): 737–744.

Winkens, L., van Strien, T., Brouwer, I. A., Penninx, B. W. J. H., Visser, M., & Lähteenmäki, L. (2018). Associations of mindful eating domains with depressive symptoms and depression in three European countries. *Journal of Affective Disorders, 228*: 26–32.

第 10 章

Bartolo, A., Benuzzi, F., Nocetti, L., Baraldi, P., & Nichelli, P. (2006). Humor comprehension and appreciation: An FMRI study. *Journal of Cognitive Neuroscience, 18*(11): 1789–1798.

Berman, M. G., Kross, E., Krpan, K. M., Askren, M. K., Burson, A., Deldin, P. J., ... Jonides, J. (2012). Interacting with nature improves cognition and affect for individuals with depression. *Journal of Affective Disorders, 140*(3): 300–305.

Billingsley, J., & Losin, E. A. (2017). The neural systems of forgiveness: an evolutionary psychological perspective. *Frontiers in Psycholog y, 8*: 737.

Chaves, C., Lopez-Gomez, I., Hervas, G., & Vazquez, C. (2017). A comparative study on the efficacy of a positive psychology intervention and a cognitive behavioral therapy for clinical depression. *Cognitive Therapy and Research, 41*(3): 417–433.

Chirico, A., Cipresso, P., Yaden, D. B., Biassoni, F., Riva, G., & Gaggioli, A. (2017). Effectiveness of immersive videos in inducing awe: An experimental study. *Scientific Reports, 7*(1): 1218.

Disabato, D. J., Kashdan, T. B., Short, J. L., & Jarden, A. (2017). What predicts positive life events that influence the course of depression? A longitudinal examination of gratitude and meaning in life. *Cognitive Therapy and Research, 41*(3): 444–458.

Fatfouta, R., Meshi, D., Merkl, A., & Heekeren, H. R. (2018). Accepting unfairness by a significant other is associated with reduced connectivity between medial prefrontal and dorsal anterior cingulate cortex. *Social Neuroscience, 13*(1): 61–73.

Fox, G. R., Kaplan, J., Damasio, H., & Damasio, A. (2015). Neural correlates of gratitude. *Frontiers in Psycholog y, 6*: 1491.

Gonçalves, J. P., Lucchetti, G., Menezes, P. R., & Vallada, H. (2015). Religious and spiritual interventions in mental health care: A systematic review and meta-analysis of randomized controlled clinical trials. *Psychological Medicine, 45*(14): 2937–2949.

Hill, P. L., Allemand, M., & Roberts, B. W. (2013). Examining the pathways between gratitude and selfrated physical health across adulthood. *Personality and Individual Differences, 54*(1), 92–96.

Ishizu, T., & Zeki, S. (2014). A neurobiological enquiry into the origins of our experience of the sublime and beautiful. *Frontiers in Human Neuroscience, 8*: 891.

Joye, Y., & Bolderdijk, J. W. (2015). An exploratory study into the effects of extraordinary nature on emotions, mood, and prosociality. *Frontiers in Psycholog y, 5*: 1577.

Karns, C. M., Moore, W. E., III, & Mayr, U. (2017). The cultivation of pure altruism via gratitude: A functional MRI study of change with gratitude practice. *Frontiers in Human Neuroscience, 11*: 599.

Kerr, S. L., O'Donovan, A., & Pepping, C. A. (2015). Can gratitude and kindness interventions enhance well-being in a clinical sample? *Journal of Happiness Studies, 16*(1): 17–36.

Kini, P., Wong, J., McInnis, S., Gabana, N., & Brown, J. W. (2016). The effects of gratitude expression on neural activity. *Neuroimage, 128*: 1–10.

Koh, A. H., Tong, E. M. W., & Yuen, A. Y. L. (2017). The buffering effect of awe on negative affect towards lost possessions. *The Journal of Positive Psycholog y, 9760*: 1–10.

Lin, C.-C. (2015). Gratitude and depression in young adults: The mediating role of self-esteem and wellbeing. *Personality and Individual Differences, 87*: 30–34.

Lyubomirsky, S., Sousa, L., & Dickerhoof, R. (2006). The costs and benefits of writing, talking, and thinking about life's triumphs and defeats. *Journal of Personality and Social Psycholog y, 90*(4): 692–708.

McCullough, M. E., Root, L. M., & Cohen, A. D. (2006). Writing about the benefits of an interpersonal transgression facilitates forgiveness. *Journal of Consulting and Clinical Psycholog y, 74*(5): 887–897.

McMahan, E. A., & Estes, D. (2015). The effect of contact with natural environments on positive and negative affect: A meta-analysis. *The Journal of Positive Psycholog y, 10*(6): 507–519.

Mobbs, D., Greicius, M. D., Abdel-Azim, E., Menon, V., & Reiss, A. L. (2003). Humor modulates the mesolimbic reward centers. *Neuron, 40*(5): 1041–1048.

Muris, P., & Petrocchi, N. (2017). Protection or vulnerability? A meta-analysis of the relations between the positive and negative components of self-compassion and psychopathology. *Clinical Psychology and Psychotherapy, 24*(2): 373–383.

Passmore, H.-A., & Howell, A. J. 2014. Nature involvement increases hedonic and eudaimonic well-being: A two-week experimental study. *Ecopsycholog y, 6*(3): 148–154.

Perreau-Linck, E., Beauregard, M., Gravel, P., Paquette, V., Soucy. J. P., Diksic. M., & Benkelfat, C. (2007). In vivo measurements of brain trapping of C-labelled alpha-methyl-L-tryptophan during acute changes in mood states. *Journal of Psychiatry and Neuroscience, 32*(6): 430–434.

Petrocchi, N., & Couyoumdjian, A. (2016). The impact of gratitude on depression and anxiety: The mediating role of criticizing, attacking, and reassuring the self. *Self and Identity, 15*(2): 191–205.

Redwine, L. S., Henry, B. L., Pung, M. A., Wilson, K., Chinh, K., Knight, B. ... Mills, P. J. (2016). Pilot randomized study of a gratitude journaling intervention on heart rate variability and inflammatory biomarkers in patients with stage B heart failure. *Psychosomatic Medicine, 78*(6): 667–676.

Reed, G. L., & Enright, R. D. (2006). The effects of forgiveness therapy on depression, anxiety, and posttraumatic stress for women after spousal emotional abuse. *Journal of Consulting and Clinical Psycholog y, 74*(5): 920–929.

Rudd, M., Vohs, K. D., & Aaker, J. (2012). Awe expands people's perception of time, alters decision making, and enhances well-being. *Psychological Science, 23*(10): 1130–1136.

Shiota, M. N., Neufeld, S .L., Yeung, W. H., Moser, S. E., & Perea, E. F. (2011). Feeling good: Autonomic nervous system responding in five positive emotions. *Emotion, 11*(6): 1368–1378.

Siep, N., Roefs, A., Roebroeck, A., Havermans, R., Bonte, M. L., & Jansen, A. (2009). Hunger is the best spice: An fMRI study of the effects of attention, hunger and calorie content on food reward processing in the amygdala and orbitofrontal cortex. *Behavioural Brain Research, 198*(1): 149–158.

Sin, N. L., & Lyubomirsky, S. (2009). Enhancing well-being and alleviating depressive symptoms with positive psychology interventions: A practice-friendly meta-analysis. *Journal of Clinical Psycholog y, 65*(5): 467–487.

Speer, M. E., Bhanji, J. P., & Delgado, M. R. (2014). Savoring the past: Positive memories evoke value representations in the striatum. *Neuron, 84*(4): 847–856.

Stellar, J. E., Gordon, A. M., Piff, P. K., Cordaro, D., Anderson, C. L., Bai, Y., ... Keltner, D. (2017). Selftranscendent emotions and their social functions: Compassion, gratitude, and awe bind us to others through prosociality. *Emotion Review, 9*(3): 200–207.

vanOyen Witvliet, C., Root Luna, L., VanderStoep, J. V., Vlisides-Henry, R. D., Gonzalez, T., & Griffin, G. D. (2018). OXTR rs53576 genotype and gender predict trait gratitude. *The Journal of Positive Psycholog y*: 1–10.

Wellenzohn, S., Proyer, R. T., & Ruch, W. (2016). Humor-based online positive psychology interventions: A randomized placebo-controlled long-term trial. *The Journal of Positive Psycholog y, 11*(6): 584–594.

Wong, Y. J., Owen, J., Gabana, N. T., Brown, J. W., McInnis, S., Toth, P. & Gilman, L. (2018). Does gratitude writing improve the mental health of psychotherapy clients? Evidence from a randomized controlled trial. *Psychotherapy Research, 28*(2): 192–202.

Wood, A. M., Joseph, S., Lloyd, J., & Atkins, S. (2009). Gratitude influences sleep through the mechanism of pre-sleep cognitions. *Journal of Psychosomatic Research, 66*(1), 43–48.

Wood, A. M., Maltby, J., Gillett, R., Linley, P. A., & Joseph, S. (2008). The role of gratitude in the development of social support, stress, and depression: Two longitudinal studies. *Journal of Research in Personality, 42*(4): 854–871.

Zahn, R., Moll, J., Paivia, M., Garrido, G., Krueger, F., Huey, E. D., & Grafman, J. (2009). The neural basis of human social values: Evidence from functional MRI. *Cerebral Cortex, 19*(2): 276–283.

第 11 章

Clever, S. L., Ford, D. E., Rubenstein, L. V., Rost, K. M., Meredith, L. S., Sherbourne, C. D., ... Cooper, L. A. (2006). Primary care patients' involvement in decision-making is associated with improvement in depression. *Medical Care, 44*(5), 398–405.

抑郁&焦虑

《拥抱你的抑郁情绪：自我疗愈的九大正念技巧（原书第2版）》
作者：[美] 柯克·D.斯特罗萨尔 帕特里夏·J.罗宾逊 译者：徐守森 宗焱 祝卓宏 等

美国行为和认知疗法协会推荐图书
两位作者均为拥有近30年抑郁康复工作经验的国际知名专家

《走出抑郁症：一个抑郁症患者的成功自救》
作者：王宇

本书从曾经的患者及现在的心理咨询师两个身份与角度撰写，希望能够给绝望中的你一点希望，给无助的你一点力量，能做到这一点是我最大的欣慰。

《抑郁症（原书第2版）》
作者：[美] 阿伦·贝克 布拉德 A.奥尔福德 译者：杨芳 等

40多年前，阿伦·贝克这本开创性的《抑郁症》第一版问世，首次从临床、心理学、理论和实证研究、治疗等各个角度，全面而深刻地总结了抑郁症。时隔40多年后本书首度更新再版，除了保留第一版中仍然适用的各种理论，更增强了关于认知障碍和认知治疗的内容。

《重塑大脑回路：如何借助神经科学走出抑郁症》
作者：[美] 亚历克斯·科布 译者：周涛

神经科学家亚历克斯·科布在本书中通俗易懂地讲解了大脑如何导致抑郁症，并提供了大量简单有效的生活实用方法，帮助受到抑郁困扰的读者改善情绪，重新找回生活的美好和活力。本书基于新近的神经科学研究，提供了许多简单的技巧，你可以每天“重新连接”自己的大脑，创建一种更快乐、更健康的良性循环。

《重新认识焦虑：从新情绪科学到焦虑治疗新方法》
作者：[美] 约瑟夫·勒杜 译者：张晶 刘睿哲

焦虑到底从何而来？是否有更好的心理疗法来缓解焦虑？世界知名脑科学家约瑟夫·勒杜带我们重新认识焦虑情绪。诺贝尔奖得主坎德尔推荐，荣获美国心理学会威廉·詹姆斯图书奖。

更多>>>

《焦虑的智慧：担忧和侵入式思维如何帮助我们疗愈》 作者：[美] 谢丽尔·保罗
《丘吉尔的黑狗：抑郁症以及人类深层心理现象的分析》 作者：[英] 安东尼·斯托尔
《抑郁是因为我想太多吗：元认知疗法自助手册》 作者：[丹] 皮亚·卡列森

正念冥想

《正念：此刻是一枝花》

作者：[美] 乔恩·卡巴金 译者：王俊兰

本书是乔恩·卡巴金博士在科学研究多年后，对一般大众介绍如何在日常生活中运用正念，作为自我疗愈的方法和原则，深入浅出，真挚感人。本书对所有想重拾生命瞬息的人士、欲解除生活高压紧张的读者，皆深具参考价值。

《多舛的生命：正念疗愈帮你抚平压力、疼痛和创伤（原书第2版）》

作者：[美] 乔恩·卡巴金 译者：童慧琦 高旭滨

本书是正念减压疗法创始人乔恩·卡巴金的经典著作。它详细阐述了八周正念减压课程的方方面面及其在健保、医学、心理学、神经科学等领域中的应用。正念既可以作为一种正式的心身练习，也可以作为一种觉醒的生活之道，让我们可以持续一生地学习、成长、疗愈和转化。

《穿越抑郁的正念之道》

作者：[美] 马克·威廉姆斯 等 译者：童慧琦 张娜

正念认知疗法，融合了东方禅修冥想传统和现代认知疗法的精髓，不但简单易行，适合自助，而且其改善抑郁情绪的有效性也获得了科学证明。它不但是一种有效应对负面事件和情绪的全新方法，也会改变你看待眼前世界的方式，彻底焕新你的精神状态和生活面貌。

《十分钟冥想》

作者：[英] 安迪·普迪科姆 译者：王俊兰 王彦又

比尔·盖茨的冥想入门书；《原则》作者瑞·达利欧推崇冥想；远读重洋孙思远、正念老师清流共同推荐；苹果、谷歌、英特尔均为员工提供冥想课程。

《五音静心：音乐正念帮你摆脱心理困扰》

作者：武麟

本书的音乐正念静心练习都是基于碎片化时间的练习，你可以随时随地进行。另外，本书特别附赠作者新近创作的“静心系列”专辑，以辅助读者进行静心练习。

更多>>>

《正念癌症康复》 作者：[美] 琳达·卡尔森 迈克尔·斯佩卡